생명의 기원에서 유전자가위까지,
지금의 나는 어떻게 있게 된 것일까?

꼬리에
꼬리를 무는
호모 사피엔스

정주혜 지음

주니어태학

일러두기

● 책명이나 잡지명은《 》로, 단편 글이나 논문 제목은〈 〉로 표기했습니다.

● 본문에 쓰인 대부분 사진과 그림은 위키미디어 커먼즈, 픽사베이, 셔터스톡에서 가져왔습니다. 다음 이미지들만 저작권을 표기합니다.

50쪽: Sam L, David Craig

75쪽: 달맞이꽃(국립생물자원관), 왕달맞이꽃(Guy Waterval)

175쪽: Karl Maramorosch

204쪽: Eunice Laurent

207쪽: Holger Motzkau

237쪽: 와이즈만 연구소

267쪽: 에마뉘엘 샤르팡티에(Bianca Fioretti of Hallbauer & Fioretti), 제니퍼 다우드나 (Duncan.Hull and The Royal Society)

270쪽: 김물길

"사람은 지구에 사는 생명 중에서 맨 꼭대기를 차지하고 있는 게 아닙니다. 지구라는 커다란 나무의 한 가지 끝에 있는 거지요. 다른 가지의 끝에는 강아지도 있고, 좀 더 멀리 떨어진 가지 끝에는 바퀴벌레도 있습니다. 각각 멋지게 진화한 결과물들이지요. 그런데 우리 호모 사피엔스가 지구를 자신들의 전유물인 것처럼 망가뜨리고 있어요. 이제 여러분의 달란트를 지구를 살리는 데 잘 썼으면 좋겠습니다."

학생들에게 자주 들려주는 이야기입니다. 온 지구가 이상 기후로 몸살을 앓고 있는 요즘, 다윈이 제안한 '생명의 나무'가 자주 떠오릅니다. 인간이 생명의 나무의 한 가지라는 생각은 우리를 지구 생물들과 어깨를 나란히 하는 겸손한 존재로 느끼게 합니다. 그런데 다윈 이전 2천 년이 넘는 시간 동안 사람들 대다수는 생물은 창조된 이래 변화 없이 그대로라고 생각했어요. 인간을 신 다음의 계단에 놓고 생물들에 군림하는 특별한 존재로 여겼지요.

이런 생각이 바뀐 데에는 다윈을 포함한 여러 과학자의 노력이 있었어요. 그들은 '지구의 생물이 어떻게 이렇게 다양해졌을까?'라는 질문에 대한 답을 종교가 아닌 과학에서 찾기 시작한 사람들입니다. 1장에서 이런 내용을 다뤘습니다.

지구의 다양한 생물을 보고 다른 질문을 품은 과학자들도 있었습니다. '이 생물들을 어떻게 구분하고 분류할 수 있을까?', '이들 사이에 더 멀고 가까운 관계가 있을까?', '한 생물을 나라마다 다르게 부르는데, 통일할 방법은 없을까?' 같은 질문이지요. 이런 질문에 대한 답을 찾아가는 과정이 2장의 내용입니다.

현미경은 생명 현상에 대한 궁금증을 세포 수준에서 풀 수 있게 해 주었어요. 세포 안에 들어 있는 염색체의 행동을 현미경으로 관찰하면서 유전자가 염색체에 들어 있다는 것도 알게 되었습니다. 과학자들은 이제 '왜 부모가 같은데 언니와 나의 혈액형이 다를까?' 같은 질문에 대한 답을 세포 안에서 찾게 되었어요. 3장은 같고도 다른 너와 나의 이야기, 유전에 관해 다룹니다.

20세기에 접어들면서 생명과학의 주인공은 더 작은 크기가 됩니다. DNA입니다. 그리고 21세기에는 이 DNA를 인간이 변형하는 시대가 되었어요. DNA가 어떻게 생겼기에 유전 정보를 가지는지, 생김새의 차이는 단백질의 차이라는데 DNA에서 어떤 과정으로 단백질을 만드는지, 인간은 어떻게 DNA를 조작하는지를 4장에서 다루고 있어요.

이 책에서 다룬 질문들은 그 시대만의 질문도, 과학자들만의 질문도 아닙니다. 어린아이들(간혹 어른들)이 하는 소박한 얘기에서 관찰이나 기술이 부족했던 시절에 과학자가 했던 잘못된 추론을 떠올리게 됩니다. '파리가 없는 곳에서 구더기가 저절로 생겼어'나 '내 눈을 봐. 엄마와 아빠의 눈을 딱 반씩 닮았지' 같은 이야기가 그렇습니다. 이 책에 나오는 질문들은 지금 우리도 던지게 되는 것들입니다.

생명 현상은 넓고도 깊어 질문도 참 다양하게 나올 수 있습니다. 진화는 너무 오랜 시간 동안 진행되어 인간의 시간으로는 짐작하기 어렵고, 유전자는 너무나 작고, 생태계는 너무나 광활합니다.

조류의 염기 서열을 밤새워 분석하다가 옥상에 올라간 대학원생이 하늘에서 날아다니는 새를 보면서 그 새가 자신이 조금 전까지 분석했던 그 염기 서열의 주인공이라는 것을 알아보지 못했다는 일화가 떠오릅니다.

생물의 진화와 분류, 유전, DNA에 관한 질문을 다룬 이 책이 생명 현상을 다양한 시선으로 이해하는 데 도움이 되기를 기대합니다. 이 순간에도 생명과학은 과학자들의 노력으로 '진화'하고 있습니다.

이 책에 실린 내용에 오류가 있다면 너그러이 일깨워 주시기 바랍니다.

질문의 대상이 다양해도 그 질문들은 우리와 우리 주변 생물들을 더 잘 이해하기 위한 첫걸음입니다. 이 책이 더 많은 질문을 하게 했으면 좋겠습니다.

차례

2장 생물의 분류

3장 유전 I

〈 4장 **유전 II**

1장

진화

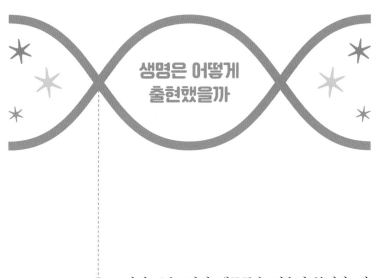

생명은 어떻게 출현했을까

잠시, 오늘 만난 생물들을 떠올려 봅니다. 반려견 코코, 싱크대에 모여든 초파리, 출퇴근길에 본 가로수… 다 적기 어려울 정도로 많네요. 점심에 먹은 미역국, 구운 고등어도 한때는 생물이었을 거예요. 이처럼 우리는 다른 생물들과 함께 살고 있어요. 그런데 생물은 어떻게 생겨난 것일까요? 옛사람들은 어떻게 생각했는지 먼저 볼까요.

그냥 생긴 거야 vs 생물이 생물을 낳는 거야

고대 그리스의 자연철학자 아낙시만드로스는 최초의 생명체는 습한 곳에서 생겨났다고 생각했어요. 성장하면서 좀 더 건조한 곳으로 나왔다고 보았죠. 아리스토텔레스는 자신의 책《동물발생론》에서 생쥐가 더러운 건초더미에서 저절로 생겨난다고 했어요. 초파리 같은 곤충도 식물에 맺힌 이슬이나 흙탕물에서 우연히 생긴다고 생각했지요. 저절로 생긴다고 해서 이런 주장을 '자연발생설'이라고 합니다. 옛날 사람들도 사람은 어머니의 뱃속에서 자라다 태어나고, 닭은 알을 깨고 나오는 것을 관찰해서 알고 있었지만, 생쥐보다 크기가 작은 동물들은 자연적으로 생긴다고 믿었던 거죠.

지금 우리는 크기와 관계없이 생물은 생물이 있어야 만들어질 수 있다고 알고 있지요. 싱크대의 초파리는 어딘가에 낳아 둔 초파리 알에서 생겼고, 학교의 소나무는 소나무 씨앗에서 생긴 것처럼 말이죠. 이런 시각을 생물속생설生物續生說이라고 합니다. 여기서 속생續生은 '잇따라 나온다'는 뜻인데, 생물에서 생물이 나온다는 의미예요. 19세기까지도 자연발생설과 생물속생설이 팽팽하게 맞섰습니다.

17세기 벨기에의 화학자 헬몬트Helmont도 자연발생설 쪽이었어요. 그는 자신이 입던 더러운 셔츠와 밀알을 항아리에 넣고 21일이 지나 열어 보니, 생쥐가 생겼다고 주장했습니다. 황당무계한 소리로 들리죠?

이런 자연발생설을 최초로 뒤집은 사람이 17세기 이탈리아 의사 프란체스코 레디Francesco Redi입니다. 그는 파리를 이용해서 실험을 합니다. 당시 사람들은 고기가 썩으면서 구더기(파리의 애벌레)가 저절로 생긴다고 생각했어요. 레디는 단골 정육점 주인에게서 헝겊으로 싸 둔 고기에서는 벌레가 생기지 않는다는 얘기를 듣습니다. 그런데 죽은 뱀에서는 벌레가 생기는 것을 관찰하고는 파리가 고기에서 저절로 발생하는 것이 아니라고 확신합니다. 레디는 네 종류(뱀, 소, 물고기, 뱀장어)의 고기를 각각 다른 용기에 넣고 용기를 덮은 경우와 그렇지 않은 경우를 비교합니다.

자연발생설을 최초로 부정한 레디

용기 덮개로는 종이나 올이 촘촘한 천을 이용했지요. 그 결과, 덮개를 씌워 파리가 접근하지 못하게 한 경우에는 구더기가 생기지 않는다는 걸 확인합니다. 구더기는 그냥 생긴 것이 아니라 파리가 들어가서 알을 낳아야 생긴다는 사실을 밝혀낸 것이죠.

미생물은 어떻게 생기는 거지?

그런데 문제가 있었어요. 레디의 실험으로는 날지 못하는 생물과 크기가 작은 미생물도 저절로 생기는 게 아니라는 걸 증명할 수 없었죠. 오히려 미생물의 발견은 자연발생설에 힘을 더 실어 줍니다.

확인을 할 수 없으니까요. 1684년 레디는 자신의 책《살아 있는 동물 안에서 찾은 살아 있는 동물의 관찰》에서 파리는 그냥 생기지 않지만, 미생물은 그냥 생긴다는 애매한 태도를 보입니다.

네덜란드 과학자 안토니 판 레이우엔훅Antonie van Leeuwenhoek이 현미경을 발명한 이후에도 자연발생설은 한동안 힘을 얻습니다. 레이우엔훅은 현미경으로 정자나 미생물 등을 관찰했는데, 1675년 끓인 고깃국물에서 미생물이 생긴 것을 현미경으로 관찰하고는 미생물은 저절로 생긴다고 생각하게 됩니다. 당시 사람들은 미생물이야말로 자연적으로 생기는 것이 분명하다고 믿게 되었어요.

영국의 생물학자이자 가톨릭 신부인 존 니담John Needham도 1749년 자신의 실험 결과를 가지고 미생물은 그냥 생긴다고 주장했어요. 그는 양고기 끓인 국물을 용기에 넣어 밀봉한 후 며칠이 지나 그 국물을 현미경으로 관찰합니다. 거기서 곰팡이와 작은 미생물이 확인된 거지요. 당시에는 음식을 끓이면 생물이 다 죽는다고 생각했기 때문에, 니담은 공기 중에 '생명을 불어넣는 힘'이 있어서 미생물이 저절로 생겼다고 주장한 겁니다.

그런데 이탈리아 과학자 라차로 스팔란차니Lazzaro Spallanzani가 이런 니담의 주장에 반박합니다. 그는 1768년 충분히 끓인 고깃국물을 금속으로 용접해 밀폐합니다. (스팔란차니는 니담이 충분히 끓이지 않았거나 밀봉을 제대로 하지 않았다고 생각했습니다.) 그런데 장기간 보존해도 미생물이 생기지 않은 겁니다. 스팔란차니의 실험은 자연발생설에 대한 반박으로 의미가 있고, 멸균을 통한 식품 보존에도 큰 영향을 주게 됩니다.

하지만 이에 대해 니담은 '생명을 불어넣는 힘이 끓이는 과정에서 파괴되어 생물이 생기지 못한 것'이라면서, 자연발생설을 끝까지 굽히지 않았습니다.

1774년 영국의 화학자 조지프 프리스틀리Joseph Priestley가 산소를 발견한 이후, 자연발생설을 믿는 과학자들은 니담의 '생명을 불어넣는 힘'을 산소로 해석합니다. 그들은 스팔란차니의 실험에서 산소가 공급되지 않아서 미생물이 생기지 않은 거라고 재반박했어요. 결국, 산소를 공급하고도 미생물이 생기지 않는다는 것을 입증해야 했지요.

왜 생물이
생물을 낳는다고
믿었을까

산소가 공급되어도, 미생물이 없으면 미생물이 생기지 않는다는 것을 어떻게 밝혔을까요?

자연발생설과 생물속생설의 줄다리기에 마침표를 찍은 사람은 19세기 프랑스 미생물학자 루이 파스퇴르Louis Pasteur입니다. 파스퇴르하면 야쿠르트나 유산균이 먼저 떠오르죠? 그럴 만합니다. 파스퇴르는 유제품을 오래 보관하는 방법을 연구했어요. 미생물이 공기 중에 존재하며 식품을 상하게 한다는 것을 알고 있었고요. 미생물이 안 생기게 보관하는 방법을 연구하다가 미생물이 저절로 생기는 것이 아니라는 사실을 밝히게 되었죠.

파스퇴르는 플라스크 안에 고깃국물을 넣고 입구에 열을 가해 S자(백조 목 모양)로 구부렸어요. 그리고 충분히 끓여 멸균시켰어요(그 과정에서 수증기가 응결한 물이 구부러진 부분에 일부 고였어요). 공기는 들어

자연발생설을 증명한 파스퇴르와
백조 목 플라스크 실험 장치

입구를 저렇게 구부려 놓으면
산소는 들어가되,
미생물은 들어갈 수가 없겠지.

가되, 공기보다 무거운 미생물은 가라앉혀 플라스크 안으로 들어가
지 못하게 한 거지요. 자연발생설을 부정한 스팔란차니의 실험 결과
가 산소 공급이 안 되어서라는 자연발생론자들의 반박에 재반박하
기 위한 것이었지요. 플라스크 안의 내용물이 공기와 접촉해도 미생
물이 생기지 않는다는 것을 입증해야 했어요.

실험 결과, 오랜 시간이 지나도 고깃국물에서는 미생물이 생기지

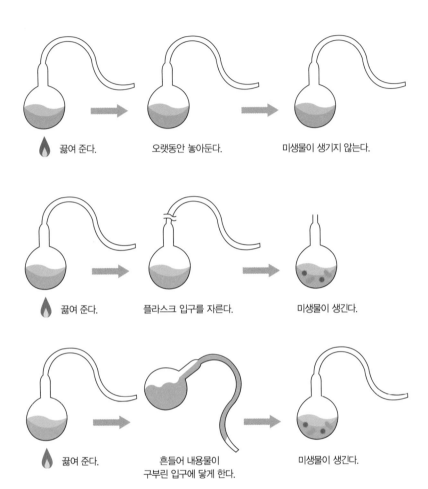

끓여 준다.　오랫동안 놓아둔다.　미생물이 생기지 않는다.

끓여 준다.　플라스크 입구를 자른다.　미생물이 생긴다.

끓여 준다.　흔들어 내용물이 구부린 입구에 닿게 한다.　미생물이 생긴다.

파스퇴르의 실험 결과

않았습니다. 반면에 플라스크 주둥이를 자르거나 내용물을 흔들어 구부린 부위에 닿게 하면 미생물이 생겼어요. 열을 가해 미생물을 없앤 후 공기는 통과시키고 미생물은 들어오지 못하게 하면 미생물이 생기지 않는다는 걸 확인시켜 준 실험이죠.

1860년 프랑스 과학 아카데미는 자연발생설과 생물속생설 간의 논쟁을 결론짓기 위해 논문을 공모했는데, 파스퇴르가 이 실험 결과를 논문으로 제출하지요. 1862년 파스퇴르가 상을 받습니다. 그리고 자연발생설과 생물속생설 간의 줄다리기는 생물속생설의 승리로 끝납니다. 레디에서 니담, 스팔란차니로 이어진 반박과 재반박에 마침표를 찍은 것이지요. 생물은 생물에서 나오고, 그 과정에서 다양한 생물이 출현합니다.

왜 선뜻 진화에 대해 생각하지 못했을까

생물이 저절로 생기는 것이 아니라는 사실이 밝혀지고, 미생물조차도 미생물이 있어야 한다는 걸 알게 되었습니다. 이제 사람들은 궁금해합니다. 생물이 생물을 낳는다고 하기엔 세상에 생물의 종류가 너무 많은 겁니다. 이 생물들은 도대체 어디서 온 것일까 하고 말이지요. 자연스레 '진화' 개념이 싹트기 시작합니다.

하지만 진화에 대한 질문은 아주 오랜 시간 묻혀 있게 됩니다. 플라톤과 그의 제자 아리스토텔레스의 사상이 질문이 뻗어 가는 데 걸림돌이 되었기 때문이죠. 두 사람은 오랜 시간 서양 사람들의 사고를 지배했는데요, 이 둘은 '본질은 변하지 않는다'고 주장했어요.

아리스토텔레스의 주장을 들어 보죠. 그는 세계를 천상계와 지상계로 나눕니다. 천상계에는 위로부터 신·천사·악마가 있고, 지상계는 인간·동물·식물·광물 순서로 이루어져 있다고 주장합니다. 동물이나 식물 안에서도 구조가 복잡한 생물을 위쪽에 배치했고요. 타고날 때부터 영적 수준이 높은 것과 낮은 것이 있고, 이는 변하지 않는다고 보았습니다. 고대의 철학자들은 작은 것에서는 큰 것, 단순한 것에서는 복잡한 것, 천한 것에서는 귀한 것이 나올 수 없다고 믿었어요. 이런 시각을 '자연 사다리' 혹은 '존재의 대사슬'이라고 합니다.

우리 주변의 생물들을 자연 사다리 논리로 표현하면 다음처럼 정리되지 않을까요?

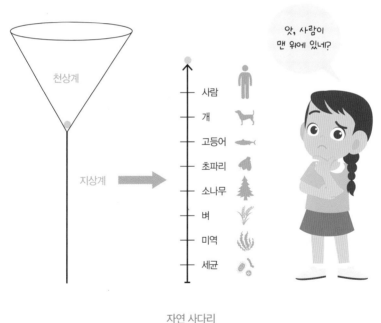

자연 사다리

또 종교도 생물이 진화한다는 생각을 막습니다. 중세까지 종교는 과학 위에 군림하고 있었습니다. 성경에는 신이 생물을 창조했다고 돼 있고, 당시의 대부분 사람은 그렇게 믿었지요. 생물은 신이 창조한 이래 '고정'되어 있다는 창조론과 태어날 때부터 각자의 자리가 정해져 있다는 '자연 사다리' 주장은 18세기까지 이어집니다.

이 믿음에 금이 가기 시작한 건 항해술이 발달하면서지요. 배를 타고 여기저기 다니면서 여러 생물을 보게 되고 심지어 화석이란 것까지 수집하게 됩니다. 화석을 현미경으로 들여다보면서 창조론으로 설명할 수 없는 것이 많다는 사실도 알게 되지요.

항해술이 발달하면서 새로운 지역을 발견하고, 그 과정에서 새로운 생물도 보게 된다.
헨드릭 코르넬리즈 브룸Hendrik Cornelisz Vroom,
〈동인도 제도 연안의 사람들A number of East Indiamen off the Coast〉, 1600~1630

화석이
왜 중요할까

지금이야 화석이 대표적인 진화의 증거이지만, 이런 사실이 밝혀지기 전까지 사람들은 자신들이 본 적 없는 이상한 돌의 무늬를 생물의 흔적으로 인정하지 않았어요. 창조론에 따르면 과거나 지금이나 생물의 종류와 생김새는 똑같으니까요. 그래서 17세기까지도 화석은 지구 자체의 힘으로 만들어져 자라난 돌이라거나 파도나 바람이 무늬를 만든 암석 정도로 취급됐어요.

이런 시각에 이의를 제기한 사람이 17세기 영국의 자연철학자 로버트 훅Robert Hooke입니다. 훅은 자신이 만든 현미경으로 코르크 조각이 작은 방들로 이루어져 있음을 관찰하고, 그 작은 방을 '세포'라고 부릅니다. 현미경으로 생물도 자세히 관찰하죠. 그리고 1665년 화석이 오랜 시간에 걸쳐 자연적으로 생긴 결과일 수 있다고 주장했어요.

로버트 훅이 세상을 떠난 후, 제자들은 훅의 강의와 논문 내용을 엮어 《지질학의 역사》를 펴냅니다. 여기에서 훅은 산에서 발견된 조개껍데기 화석을 언급하면서 이렇게 말하지요.

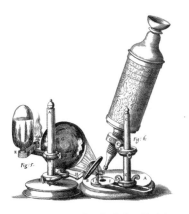

로버트 훅이 만든 현미경

> 대부분 내륙 지방은 물속에 잠겨 있었는데, 이 잠긴 부분들이 물 밖으로 나온 것이다. 이런 일이 일어나려면 큰 지진이 일어나야 한다. 어떤 조개껍데기가 대홍수나 지진에 의해 내던져지고, 그곳에 흙이나 암석 알갱이가 가라앉은 물, 또는 다른 물질이 쌓인 뒤 오랜 시간 동안 함께 엉켜 굳어졌다.

《지질학의 역사》에 실린 화석들 그림

화석이 어떻게 만들어졌는지를 생물학적으로 처음 설명한 것이죠. 훅은 화석을 계속 관찰했고 관찰한 화석들을 시대별로 나눠 생물들을 비교하게 됩니다. 그리고 과거의 생물들이 현재의 생물들과 다르다는 사실을 알게 되지요.

신이 만들었다 vs 한 뿌리에서 나왔다

19세기 초 프랑스에서 유명한 비교해부학자였던 조르주 퀴비에 Georges Cuvier는 화석 연구의 대가로도 알려졌어요. 퀴비에는 창조론을 굳게 믿던 사람인데, 화석은 어떻게 바라보았을까요? 1812년 자신의 논문 〈화석 척추류의 골격에 대한 연구〉에서 지층마다 다른 화석의 분포에 관해 다음과 같은 결론을 이끌어 냅니다.

더 오래되고 깊은 지층의 화석일수록 현존하는 동물들과 비슷한 점이 적다. 거대한 도롱뇽, 비행성 파충류, 멸종된 코끼리 등의 동물 화석이 많았다. 최근의 지층 화석일수록 현존하는 동물들과 비슷한 점이 점점 더 많아졌다.

그런데 1825년 출간한 책 《지각 변동에 관한 강연》에서 다음처럼 창조론으로 기울어 버립니다.

지구 환경이 급격히 변해 특정 종이 사라졌고, 그때그때 신이 생물을 만들어 현재의 다양한 생물이 생겼다. 화석은 노아의 홍수 같은 '격변'에 의해 생물체가 떼죽음을 당하고 한꺼번에 땅에 묻힌 결과이다.

이런 주장을 '격변설' 혹은 '천변지이설'이라고 합니다. 격변설은 종교계와 정치계의 압도적인 지지를 얻습니다. 프랑스혁명 직후라 정치에서의 격변처럼 자연에서의 '격변'도 거부감 없이 받아들여졌던 것이고, 그의 창조론적 관점은 종교계의 주장과도 일치했기 때문이지요. 나폴레옹의 신임을 얻은 덕분에 퀴비에는 나폴레옹이 전리품으로 가져온 많은 화석 자료를 연구에 이용합니다. 그는 승승장구해서 스물다섯 살 젊은 나이에 국립 자연사박물관 교수가 되고, 내각 부총리까지 지내지요. 당시 퀴비에를 '과학계의 아리스토텔레스'라고 불렀답니다. 영향력이 막강했음을 짐작할 수 있지요.

퀴비에는 동물계를 4부문 15군으로 나누었는데, 동물군마다 다른 것은 창조 이후에 종들이 변화를 겪지 않았음을 입증하는 것이라고 주장했습니다. 그는 각 생물이 특정한 목적을 위해 창조되었고, 각 기관도 특정한 기능을 위해 형성되었다고 보았어요. 퀴비에를 자연사박물관 교수로 추천하기도 한 박물학자 에티엔 생틸레르Étienne Saint-Hilaire는 퀴비에와 상반된 입장이었어요. 생틸레르는 모든 동물이 '하나'에서 나온 비슷한 것들이라고 생각한 반면, 퀴비에는 넷으로 나눈 동물 유형이 완전히 다른 것들이라고 주장한 거죠.

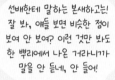

거참, 신이 따로따로
만들어서 다른 거라고
몇 번을 말합니까!

선배한테 말하는 본새하고는!
잘 봐, 얘들 보면 비슷한 점이
보여 안 보여? 이런 것만 봐도
한 뿌리에서 나온 거라니까
말을 안 듣네, 안 들어!

퀴비에(왼쪽)와 생틸레르

　이런 두 사람의 대립은 1830년 과학 아카데미 공개토론회에서 절정에 이릅니다. 동물들의 해부학적 구조에 공통점이 있는지, 특히 척추동물과 연체동물 사이에 연결 고리가 있는지에 대해 열띤 토론을 벌이지요. 토론회에 참석한 생틸레르는 생물들 간의 공통점에 주목해 '공통 조상'으로부터 진화해 온 것이라고 설명한 반면, 퀴비에는 생물들의 차이점에 주목해 각각의 모습대로 신이 창조했다고 주장합니다. 그는 비교해부학자로서 생물을 비교하고 기록하는 능력이 뛰어났는데, 아이러니하게도 그가 남긴 자료들은 나중에 진화론을 뒷받침하는 증거가 됩니다.

퀴비에는 죽을 때까지 '종은 변하지 않는다'는 주장을 굽히지 않았고, 자연사박물관 동료 교수인 라마르크의 진화론을 부정했습니다.

현재 프랑스에서는 퀴비에를 어떻게 평가할까요? 당대엔 '과학계의 아리스토텔레스'라며 극찬을 받았지만, 지금은 진화론이 발전하는 데 발목을 잡아 진화 연구의 주도권을 영국(다윈)에 빼앗기게 한 장본인이라는 원망을 듣고 있다고 하네요.

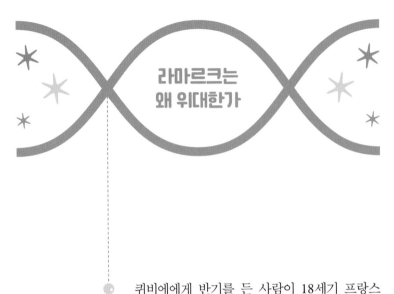

라마르크는
왜 위대한가

퀴비에에게 반기를 든 사람이 18세기 프랑스 무척추동물학자 장바티스트 라마르크Jean-Baptiste Lamarck예요. 라마르크는 퀴비에와 같은 시기에 자연사박물관 교수가 되는데, 당시 나이가 쉰 살이었어요. 라마르크는 평생 학자로서 인정받지 못하고 경제적으로도 어려웠습니다. 잘나가던 퀴비에는 툭하면 라마르크를 공격했습니다. 자신은 노아의 홍수 같은 급격한 변화 탓에 생물들이 한꺼번에 죽고 다시 창조되었다고 하는데, 라마르크는 진화론적 관점을 가지고 있었기 때문이지요. 라마르크도 처음에는 생물이 변하지 않는다고 믿었는데, 전공 분야인 무척추동물을 관찰하고 분류하면서 점차 '진화'를 생각하게 됩니다.

살아 있는 것은 무엇이든 조직과 형태가 눈에 띄지 않게 변화하고 있다. 어떤 생물 종도 진정으로 사라졌거나 멸종했다고 볼 수 없다. 생물은 의지를 가지고 자연의 계단을 기어오른다.

라마르크의 대표 저서 《동물 철학》에 나오는 내용입니다. '자연의 계단을 기어오른다'는 구절은 아리스토텔레스의 '자연 사다리'를 떠오르게 합니다. 물론 의미는 전혀 다르지만요. 아리스토텔레스는 생물 간에 계급이 정해져 있다는 의미로 '사다리'란 표현을 쓴 반면, 라마르크는 하등한 것에서 고등한 것으로 점차 변화했다는 의미로 '계단'이란 표현을 쓴 것이니까요. 무척추동물인 적충류°에서 포유동물과 사람으로 진화해 간다는 구체적인 내용이 《동물 철학》에도 나옵니다.

진화의 원동력

이처럼 라마르크는 다양한 생물이 존재하는 이유를 '진화'로 설명하기 시작한 과학자입니다. 라마르크 하면 다음 그림이 바로 떠오르죠?

 적충류

마른 풀에서 스며 나오는 액체에서 자라는 원생생물 무리. 짚신벌레가 대표적이다.

라마르크는 높은 곳의 나뭇잎을 뜯어 먹으려다 기린 목이 길어졌다고 주장했다.

　라마르크는 기린 목이 긴 이유를 그림처럼 설명합니다. 높은 곳의 잎을 먹기 위해 목을 점점 더 늘였고, 길어진 목을 가진 자손이 태어났다는 것이지요. 라마르크 설명처럼, 생물이 살면서 필요와 의지로 얻게 된 형질(예: 야구선수가 훈련을 많이 해서 팔이 튼튼해졌을 때 그 튼튼한 팔)을 '획득형질'이라고 해요. 이후 유전학의 발전으로 획득형질은 유전되지 않는다는 것이 밝혀졌지만, 이 당시에는 긴 시간 동안 생물이 어떻게 변해 왔는지 설명하기 위해 획득형질이 자손에게 전해진다고 생각한 거죠.

　라마르크는 생물들은 환경이 바뀌면 그 환경에 적응할 수 있는 능력이 있고, 살아남기 위해 조금씩 자신을 바꾸어 가며 진보했다고 믿었습니다. 생물은 필요하면 자신을 변화시킬 수 있다는 것이죠. 이때 필요해서 많이 쓰는 부분은 발달하고, 쓰지 않은 부분은 퇴화해

라마르크(왼쪽)와 다윈

신이 생물을 창조했다고
믿던 시대에
두 사람은 다른 시각을 제시했지.
그 점만으로도 훌륭해!

자손에게 전해진다고 주장했습니다. 이런 진화 가설을 '용불용설用不
用說'이라고 합니다.

라마르크는 격변설이나 창조론이 지배적이었던 시대에 생물이 점
진적으로 변화한다는 진화론을 언급한 최초의 과학자예요. 비록 프
랑스에서는 주목을 받지 못했지만 라마르크의 연구는 바다 건너 영
국의 다윈에게 영향을 줍니다. 다윈은 《종의 기원》에서 획득형질보
다 자연선택이 생물의 진화에 영향을 미치는 "훨씬 더 거대한 힘"이
라고 강조했지만, 자연선택을 설명할 때 획득형질의 유전을 받아들

입니다.

라마르크는 진화의 원동력을 생물이 살면서 생기는 '필요와 의지'로 보았고, 다윈은 진화의 원동력을 '경쟁과 자연선택'으로 보았습니다. 용불용설 하면 다윈의 자연선택설과 비교하면서 잘못된 진화설로만 생각할 수 있는데,《종의 기원》이 나오기 70년 전에 생물이 어떻게 진화하는지를 언급한 것만으로도 이 주장은 큰 의미가 있는 게 아닐까요. 용불용설 덕분에 이후에 진화학자들이 나올 수 있었던 거니까요. 라마르크도, 다윈도 모두 격변설이나 창조론에 맞서 생물의 진화를 설명했다는 점에서 후한 점수를 줘야 하지 않을까 싶습니다.

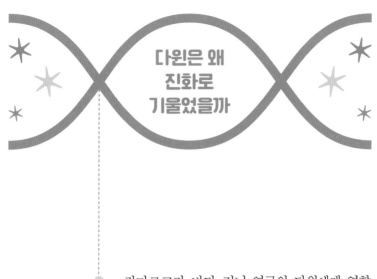

다윈은 왜
진화로
기울었을까

라마르크가 바다 건너 영국의 다윈에게 영향을 주었다고 했습니다. 변변한 자연사박물관도 없던 영국이 어떻게 진화론의 중심지가 될 수 있었을까요? 다윈은 어떻게 자연선택설과 '공통 조상'을 이야기할 수 있었을까요?

'자연선택'이란 말은 다윈의 대표작 《종의 기원》에 나옵니다. 4장에서 기후 변화나 새로운 생물의 유입으로 환경이 변하면, 자연선택을 통해 생물에게 유리한 변이는 보존되고, 유해한 변이는 제거된다고 설명합니다. 또한, "인간이 다양한 변이 중에서 원하는 형질을 가진 개체를 교배해서 원하는 품종을 얻는 것을 인위선택이라고 한다면, 그 일이 자연에서 일어난다면 자연선택"이라고 정의합니다. 인위선택을 더 설명하면, 예를 들어 농부가 야생 겨자를 개량해서 양배추를 얻어 낸 것이 대표적인 인위선택이죠. 우리나라에서 특히 사랑

받는 반려견 몰티즈는 들개에서 개량한 것인데, 이런 경우도 인위선택에 해당하고요.

다윈의 자연선택설을 간략히 정리하면 다음과 같습니다.

1. 대부분의 자연 개체군은 그들 사이에 변이가 존재한다.
2. 이 변이 중 어떤 것은 유전한다.
3. 개체군은 실제로 생존할 수 있는 것보다 더 많은 자손을 생산하는 경향이 있다.
4. 환경에 가장 잘 적응하는 특성을 가진 개체는 덜 적응하는 특성을 가진 개체보다 더 잘 생존할 것이며 더 많은 새끼를 남길 것이다.

맬서스와 라이엘

다윈이 자연선택설을 주장하는 데 영향을 끼친 사람들은 누구일까요? 먼저, 18세기 영국 경제학자 맬서스Malthus입니다. 그가 쓴《인구론》에는 다음과 같은 내용이 담겨 있어요.

인구는 기하급수적으로 증가하지만, 식량은 산술급수적으로 증가하기 때문에 과잉인구로 인한 식량 부족은 필연적이다.

《인구론》을 읽은 다윈은《종의 기원》에서 진화의 원리를 설명할 때 생존을 위한 투쟁, 적자생존을 도입합니다.

지구상의 모든 생물은 생존 가능한 개체 수보다 훨씬 많은 후손을 생산해 낸다. 그 때문에 모든 생물은 제한된 자원이라는 한계 속에서 생존 경쟁을 벌여야 한다. 개체 사이의 변이 중 생존에 적합한 변이는 후손에게 전달돼 보존되고 부적합한 변이는 도태된다. 이것이 자연의 선택이다.

여기서 변이란 개체 간의 서로 다른 특성을 말합니다. 부모가 같은 데 태어난 자식들 얼굴이 다른 것, 무당벌레의 무늬가 다른 것도 변이의 예죠. 변이는 유전의 영향일 수도 있고, 환경의 영향일 수도 있어요. 다윈은 변이의 원인까지는 설명하지 못했어요. 생존 경쟁을 하면서 개체의 형질*에 변화가 생기고 이 변이가 생존에 유리하면 살아남아 자손에게 전해진다고 보았지요. 라마르크의 획득형질을 받아들인 대목입니다. 변이의 누적이 변종을 낳게 된다고 생각했어요.

다윈에게 영향을 준 두 번째 인물은 19세기 스코틀랜드의 지질학자 찰스 라이엘Charles Lyell입니다. 라이엘은《지질학 원론》에서 지구

형질

생물이 가지고 있는 모양이나 성질을 말한다. 눈 색깔과 키가 대표적이다.

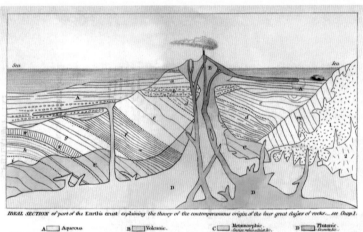

다윈에게 큰 영향을 끼친 두 책,《인구론》과《지질학 원론》.
위는《인구론》표지, 아래는《지질학 원론》본문 일부

가 오랜 세월 동안 변해 왔음을 밝힙니다. 암석이 침식하는 데 걸리는 시간을 계산해서 지구 나이를 5억 년 정도로 추정했지요. 성서에 따르면 지구 나이는 6천 년인데, 지구 나이가 더 많이 나온 겁니다. 이 긴 시간을 보며 다윈은 '진화'에 대한 생각을 발전시킬 수 있었습니다. 지구의 나이가 생물이 진화하기에 충분히 길었던 거죠.

한편 라이엘은 왜 지구가 오랜 세월에 걸쳐 변해 왔다고 주장했을까요? 18세기 스코틀랜드 지질학자인 제임스 허턴James Hutton이 주장한 '동일과정설' 때문입니다. 동일과정설은 말 그대로 과정이 동일하다는 뜻인데요, 지금 이 순간 매우 느린 속도로 일어나는 변화(풍화, 침식, 운반, 퇴적, 암석화, 융기 등)가 과거에도 동일하게 작용했다고 보는 것입니다. 지금 계곡에 흐르는 물이 암석을 깎고 흙을 옮기는 것처럼, 수천만 년간 같은 과정이 일어나 계곡이 깊어졌다는 것이죠. 당시 영향력이 컸던 퀴비에의 격변설에 반박한 것입니다.

다윈은 비글호로 항해하면서 '지구 표면은 오랜 기간에 걸쳐 천천히 융기하고 침강한다'는 라이엘의 주장이 맞음을 직접 확인합니다. 안데스 산맥의 한 지층에서 조개껍데기를 발견하면서는 지표면이 오랜 시간에 걸쳐 천천히 변한 것처럼, 지표의 생물들도 몇만 년, 몇십만 년 동안 천천히 변화하고 진화해 왔다고 생각하게 됩니다.

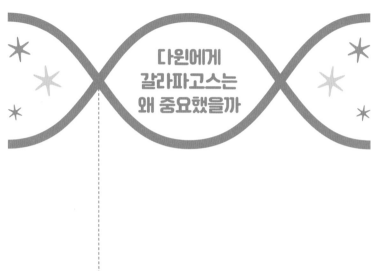

다윈에게 갈라파고스는 왜 중요했을까

다윈은 비글호를 타고 약 5년(1831~1836년) 동안 탐사를 하면서 생물들을 직접 관찰하고 수집할 기회를 얻습니다. 그리고 같은 생물인데 지역에 따라 조금씩 다르다는 사실을 확인합니다. 특히 갈라파고스 제도의 생물들에 주목합니다. 각 섬의 이구아나, 거북, 새 등의 모습이 조금씩 달랐기 때문입니다. 섬의 환경에 따라 다른 모습으로 진화해 왔음을 증명한 것이지요.

다윈의 핀치

다윈이 자연선택설을 확신하게 한 동물은 핀치Finch예요. 당시 갈라파고스에는 모두 13종의 핀치가 살았습니다. 핀치들은 섬에 따라

갈라파고스의 이구아나. (위부터 시계 방향으로) 북시모어섬의 하이브리드이구아나, 산타페섬의 육지이구아나, 플로레아나섬의 붉은빛 바다이구아나, 산타크루스섬의 진녹색 바다이구아나. 주변 바닷물 온도와 먹이에 따라 섬마다 모습이 조금씩 다르다.

왼쪽은 산타크루스섬의 땅거북, 오른쪽은 핀타섬의 땅거북이다. 같은 땅거북인데 모습이 다르다. 이런 차이는 먹이 활동과 관련 있다. 산타크루스섬은 수풀이 우거져 먹을 것이 풍족한 반면, 핀타섬은 수풀이 거의 없고 나무선인장이 주로 서식한다. 핀타섬 땅거북은 선인장 열매를 먹기 위해 목을 늘렸고, 등껍질 역시 목을 늘이는 데 유리하게 발달한 것이다.

갈라파고스 제도

· 다윈

· 울프

· 핀타

· 헤노베사

마르체나

산티아고

대프니메이저

북시모어

발트라

페르난디나

산타크루스

이사벨라

산타페

산크리스토발

플로레아나

에스파뇰라

에콰도르의 갈라파고스 제도. 19개의 화산섬으로 이루어져 있다.
다윈이 진화론을 발전시킨 곳으로, 지금은 유명 관광지가 되었다.

(왼쪽부터 시계 방향으로) 큰땅핀치, 중간땅핀치, 그린와블러핀치, 작은나무핀치. 부리 모양이 서로 다르다. 사는 섬의 먹이에 따라 다르게 진화해 왔음을 말해 준다.

몸집 크기와 부리 모양이 달랐어요. 아마 핀치의 조상들은 몸집 크기와 부리 모양이 다양했을 것입니다. 각 섬에 흩어져 살면서 먹이를 잡기 편한 부리를 가진 핀치만 살아남게 되었을 거고요. 다윈이 이런 사실을 밝혀내 갈라파고스의 핀치들을 '다윈의 핀치'라고도 합니다.

처음에 다윈은 부리가 다 달라서 서로 다른 새인 줄 알았어요. 친구이자 조류 전문가인 존 굴드John Gould가 같은 새라고 알려 줘서 알게 되었죠.

핀치 연구하다 유전자 발견한 그랜트 부부

다윈 이후에도 갈라파고스 제도에서 연구를 한 학자들이 있습니다. 미국의 생물학자 피터 그랜트Peter Grant와 로즈메리 그랜트Rosemary Grant 부부입니다. 이들은 1973년부터 약 20년 동안 갈라파고스의 대프니메이저섬(이하 대프니)에서 핀치에 대한 자료를 수집했어요. 지금도 핀치에 대해 연구하고, 강연도 하고 있지요. 이들은 2만 마리에 가까운 핀치의 탄생과 죽음을 관찰하고 기록하면서 자연선택설이 현재에도 계속 진행 중임을 입증했습니다.

두 사람이 갈라파고스 여러 섬 중에서 대프니를 선택한 이유는 섬 전체를 걸어 다닐 수 있을 정도로 작은 데다 무엇보다 고립돼 있었기 때문이에요. 그러면 새들이 섬 밖으로 나가는 경우가 드물거든요.

두 사람은 우기와 건기 그리고 섬에 분포한 식물의 씨앗 특징에 따라 핀치의 수가 어떻게 달라지는지 조사하고 정리했습니다. 이 섬에는 채송화, 남가새 등이 자랍니다. 채송화는 우기에 왕성하게 자라는데, 1977년 극심한 가뭄을 겪습니다. 우기가 사라지자 채송화는

대프니(위)와 이 섬에서 20년간 핀치를 관찰한 로즈메리 그랜트(왼쪽)와 피터 그랜트

채송화(위)와 남가새 그리고 씨앗들

자라기 어려웠습니다. 건기에 강한 남가새는 살아남았지요. 그래서 이해(1977)에는 남가새 열매 같은 단단한 것을 깨 먹을 수 있는 크고 두꺼운 부리를 가진 핀치의 생존율이 높았어요. 물론 우기에는 채송화 씨 같은 작은 씨앗이 풍족해지니 부리와 몸집이 작은 핀치들이 더 많이 관찰되었고요. 이런 데이터는 변화된 대프니의 환경이 핀치의 생존에 어떤 영향을 끼치는지 보여 줍니다.

분자생물학이 발달하고 그랜트 부부가 꾸준히 연구한 덕분에 2004년 두 사람은 핀치 부리의 크기를 결정하는 데 핵심적인 역할을 하는 유전자 BMP4를 발견합니다. 다윈이 설명하지 못했던 변이를 결정하는 유전자의 실체를 확인한 것이죠.

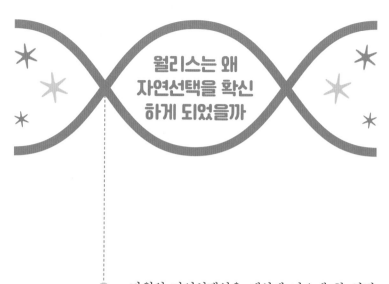

윌리스는 왜
자연선택을 확신
하게 되었을까

　　다윈의 자연선택설을 세상에 나오게 한 사람
이 알프레드 윌리스Alfred Wallace입니다. 영국의 탐험가이자 생물학자
인 윌리스는 다윈보다 열네 살 어렸는데요, 열일곱 살 때인 1839년
에 출간된 다윈의 《비글호 항해기》를 읽고 큰 자극과 영감을 받아
요. 이후 다윈과 별개로 관찰하고 연구해서 자연선택을 통해 생물이
진화했음을 추론해 내지요.

　윌리스는 4년 동안 남미 아마존 지역을 탐사해요. 이후 1854년에
서 62년까지는 말레이시아와 인도네시아 등지에서 표본을 수집하고
연구를 진행하지요. 그는 곤충 수만 점을 비롯해 포유류, 파충류, 조
류, 조개류 등 12만 점이 넘는 표본을 모읍니다. 윌리스날개구리, 윌
리스황금날개나비처럼 새로운 종에 자신의 이름도 붙여요. 그런 동
식물이 100종이 넘었다고 해요.

아시아

필리핀

월리스 선

보르네오

수마트라

술라웨시

자바

뉴기니

오스트레일리아

월리스 선

이 선을 그은 게 나지.
볼수록 흐뭇하구만~

월리스

월리스는 이 지역들에서 연구하다 특정 해협을 사이에 두고 동서 양쪽의 동물들 모습이 크게 다르다는 사실을 알게 됩니다. 동쪽인 뉴기니섬을 비롯한 오스트레일리아에서는 캥거루·주머니날다람쥐 등이, 서쪽인 보르네오·자바·발리섬 등의 동남아시아 지역에서는 랑구르원숭이, 호랑이, 코뿔새 등이 발견되었죠. 동서를 가른 이 가상의 선을 '월리스 선Wallace Line'이라고 불렀습니다. 월리스 선은 1902년에 더 정확한 '베버르 선*'으로 대체됩니다. 하지만 월리스가 그어놓은 경계선을 좌우로 동물들의 분포가 다르다는 사실에는 변함이 없지요.

월리스는 오스트레일리아 동물들이 다른 지역에 비해 더 원시적이라고 보고는 이들이 고립되어 진화하지 못했다고 생각했어요. 월리스의 추론은 타당했습니다. 대륙이동설과 판구조론에 따르면, 원래 하나였던 대륙은 지각 아래 맨틀이 움직이면서 현재처럼 분리된 것이니까요. 오스트레일리아가 가장 먼저 떨어져 나간 것으로 추정되니(대략 5억 년 전), 월리스가 제대로 추론한 셈입니다. 월리스는 흩어진 여러 섬에서 서로 다른 종들이 살아가고 있는 것을 보면서 동식물들이 환경에 적응해 진화했다고 생각합니다.

월리스가 발견한 황금날개나비가 자연선택의 대표적인 예지요. 이

♟ 베버르 선

네덜란드의 동물학자 베버르Weber, M.가 민물고기의 분포를 바탕으로 동양구와 오스트레일리아구로 나눈 경계선을 이른다.

(왼쪽부터) 월리스황금날개나비
와 월리스날개구리. 개구리 그림
은 월리스의 책 《말레이 제도》
에 실려 있다.

나비들은 섬마다 생김새가 조금씩 달랐습니다. 이는 각각의 환경에
서 살아남기 위해 유리한 형태로 변해 왔다는 것을 말해 주지요. 월
리스는 물갈퀴가 날아다닐 수 있게 변형된 날개구리를 보고도 자연
선택을 확신하죠.

다윈과 월리스

1858년 월리스는 자신의 연구 결과를 다윈에게 먼저 보냅니다.
당시 다윈은 자신의 연구 결과를 세상에 내보이는 것을 미루고 있
었어요. 1837년 진화론을 확신하고서도 근 20년을 기다린 셈이죠.

그 이유에 대해 여러 해석이 있는데, 진화론을 발표하면 당시 종교 지도자들이 크게 분노할까 봐 두려워해서라는 분석이 대표적입니다. '다윈 온라인Darwin Online*' 설립자인 존 와이헤John Wyhe 교수는 다윈이 가족과 지인들에게 편지 등을 통해 자신의 진화론을 소개했다고 짚으면서, 방대한 자료를 꼼꼼히 정리하느라 책 출간이 늦어진 것이라고 설명합니다. 1858년 봄까지 다윈은 《종의 기원》 원고의 절반 이상을 완성했고, 이해 6월에 월리스의 편지를 받았다고 합니다.

다윈은 자신과 너무 비슷한 후배의 추론에 놀라며 걱정도 합니다. 누가 먼저 자연선택설을 생각해 냈다고 말해야 하냐는 걱정이었지요. 절친한 지질학자 라이엘과 주고받은 편지에 이런 다윈의 마음이 고스란히 담겨 있습니다.

나는 이런 우연의 일치를 처음 보네. 이 친구는 간단명료하게 잘 정리했어. 내 논문 서문으로 사용해도 될 정도일세.

라이엘과 식물학자였던 조지프 후커Joseph Hooker를 비롯한 다윈의 친구들은 그해 7월 린네 학회에서 다윈과 월리스 두 사람이 동시에

다윈 온라인

다윈의 책과 논문부터 일기와 노트, 편지까지 다윈이 기록한 모든 것이 담겨 있는 사이트다. 일기, 편지 등은 원본 상태로 올라가 있어 다윈을 더 생생하게 느낄 수 있다. 영국의 과학사학자인 존 와이헤가 설립했다.

논문을 발표할 것을 제안합니다. 그렇게 해서 1858년 7월 1일 진화론에 관한 비슷한 제목의 두 논문이 동시에 발표됩니다. 다윈의 논문 제목은 〈변종을 형성하려는 종의 경향성에 대해: 그리고 자연선택에 의한 종과 변종의 영속화에 대해〉이고, 월리스 것은 〈원형으로부터 무한히 벗어나려는 변종들의 경향성에 대해〉였습니다.

다윈의 논문에는 1847년 후커에게 개인적으로 공개한 연구 내용과 1857년 미국 식물학자 아사 그레이Asa Gray에게 보낸 편지도 포함되어 있었습니다. 자연선택론을 다윈이 먼저 생각해 냈음을 증명한

것이죠.

한편, 월리스는 이 논문에서 기린 목이 긴 이유에 대한 라마르크의 추론을 반박하기도 했습니다. 기린이 높은 가지의 잎을 먹으려고 목이 길어진 것이 아니라는 것이지요. 목이 긴 기린은 이미 있었고, 목초지에 먹이가 부족한 시기에 '목이 긴 기린'이 '목이 짧은 기린'에 비해 잎을 더 먹을 수 있어 살아남았다고 주장하지요.

다윈의 이름이 워낙 위대해서 월리스의 업적은 가려진 면이 있습니다. 다윈은 《종의 기원》 서문에서 '자연선택에 관한 이론은 월리스

웨스트민스터 사원에서 진행된 다윈의 장례식

것이 경탄할 만큼 명료하다'고 밝혔습니다. 월리스의 공을 인정해 준 것입니다.

월리스 역시 다윈에게 감사한 마음을 표했습니다. 1889년《다윈주의: 자연선택 이론의 해설》을 냈는데, '다윈의 자연선택 이론이 얼마나 위대한지 그리고 그 이론의 적용 범위가 얼마나 광대한지 이해시키기 위해' 책을 썼다고 밝힙니다. 어쩌면 월리스는 다윈과 함께 논문을 발표한 것만으로도 영광스럽게 생각했을지 모르겠습니다. 말년에 월리스는 '인간의 진화에는 신이 개입했을 것'이라며 창조론과 타협하는 모습을 보입니다. 골상학이나 심령학 같은 미신에도 빠졌는데, 그러지 않고 자신의 연구를 발전시켜 나갔다면 어땠을까요.

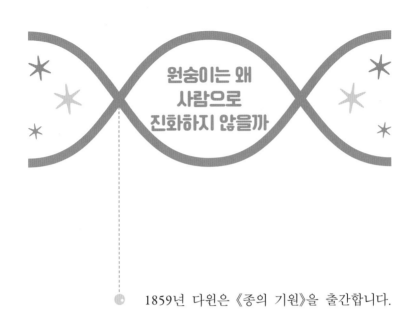

원숭이는 왜 사람으로 진화하지 않을까

1859년 다윈은 《종의 기원》을 출간합니다. 《종의 기원》 마지막 문장은 이것입니다.

생물은 과거는 물론 현재에도 진화하고 있다.

2천 년간 창조론이 지배하던 유럽에 진화론이 등장했으니 짐작대로 세상이 발칵 뒤집힙니다. 지구의 모든 종이 단 하나의 공통 조상에서 나왔다는 설명도 불편한데, 인간이 어떻게 진화해 왔는지 설명하는 부분에서 특히 난리가 납니다. 신의 사랑을 받는 특별한 존재인 인간이 원숭이의 자손이라니! 1860년 영국 옥스퍼드대학교에서 열린 한 토론회에서는 "인간의 조상이 원숭이냐 아니냐"를 놓고 영국의 각계 인사들이 모여 논쟁을 벌였어요. 이때 다윈을 지지하는

쪽에서는 라이엘, 윌리스, 토머스 헉슬리Thomas Huxley 등이 나왔고, 반대 쪽에서는 영국 성공회 주교 윌리엄 윌버포스William Wilberforce, 비글호 제독이었던 로버트 피츠로이Robert FitzRoy 등이 나왔죠. 피츠로이는 "오직 성서만이 진리"라고 외쳤고, 윌버포스는 "진화론이 사실이라면, 그 원숭이는 당신 할머니와 할아버지 중 어느 쪽 조상입니까?"라며 진화론 지지자들을 몰아세웠습니다. 이에 생물학자 헉슬리는 "주교님처럼 뛰어난 재능을 가지고도 진실을 왜곡하는 인간을 할아버지라고 하느니 정직한 원숭이를 할아버지라고 하겠다"고 응수해 일약 스타가 되었지요.

그 후 진화론자들은 약 10년 동안 다양한 증거 자료를 제시하면서 지지 기반을 넓혔고, 1870년대에 접어들면서는 과학계로부터도 지지를 받게 됩니다.

원숭이는 인간이 되지 않는다

다윈은 진화론 반대자들의 주장처럼 인간의 조상이 원숭이라고 했을까요? 물론 아닙니다. 다윈은 진화 과정을 나무 모양으로 설명했어요. 흔히 이 나무를 '생명의 나무'라고 하지요.

다음 그림을 보면 알 수 있듯이 다윈은 한 생물이 다른 생물로 변화하는 것이 아니라 공통 조상에서 새로운 종이 갈라져 나왔다고

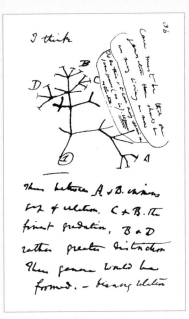

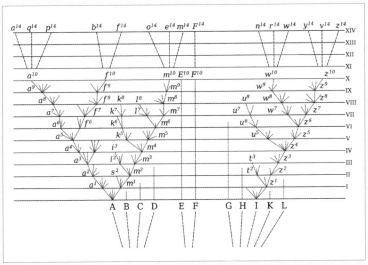

1837년 연구 노트(위)와 《종의 기원》에 실린 '생명의 나무'

설명합니다. 예를 들면 원숭이가 수백만 년이 지나 사람이 되고, 개구리가 악어나 비둘기가 되는 게 아니라는 것이지요.

앞쪽에서 위 그림은 다윈이 1837년 연구 노트에, 아래는 《종의 기원》에 그린 생명의 나무입니다. 다윈은 《종의 기원》에서 '생명의 나무와 공통 조상'에 대해 다음과 같이 설명합니다.

같은 강에 속하는 모든 생물의 유연관계●는 한 그루의 거대한 나무로 나타낼 수 있다. 초록색 싹이 트고 있는 가지들은 현존하는 종을 나타낸다. 오래된 가지는 멸종한 종을 나타낸다.

다윈의 생명의 나무에 의하면 사람은 원숭이에서 진화한 것이 아닙니다. 사람과 원숭이는 비교적 최근에 공통 조상에서 갈라져 나온 것이지요. 그 공통 조상은 지금의 원숭이도 인간도 아닙니다. 원숭이와 인간은 오래전에 서로 다른 길을 걸어와 현재의 모습으로 나뭇가지 끝에 있는 거죠. 지금의 원숭이는 수백만 년이 지나도 사람으로 진화하지 않고요.

 유연관계

생물과 생물이 어느 정도 가까운지를 나타내는 관계.

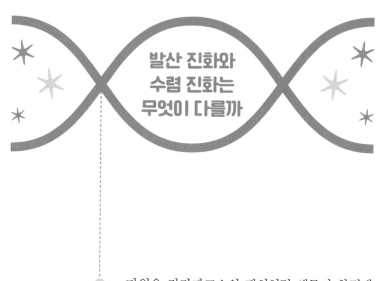

발산 진화와
수렴 진화는
무엇이 다를까

다윈은 갈라파고스의 핀치처럼 생물이 환경에 적응하면서 점차 다양해진다고 했어요. 나무의 밑동에 해당하는 공통 조상에서 먹이에 따라 여러 핀치 종으로 갈라졌다고 설명했습니다. 이 진화 과정이 나뭇가지가 뻗어 가는 모습과 비슷해서 이런 진화를 '분기 진화'라고 합니다. 미국의 박물학자 존 굴릭John Gulick은 분기 진화와 같은 의미로 '발산 진화'라는 용어를 처음 사용했고, 현재에도 널리 쓰이고 있어요.

나뭇가지가 제법 멀리 떨어져 있는데도 형태가 비슷한 생물들이 있습니다. 공통 조상이 가깝지 않은데도 유사한 환경에 적응하다 보니 비슷한 모습으로 진화한 경우지요. 이런 진화를 발산 진화의 반대 의미로 '수렴 진화'라고 합니다. 포유류인 돌고래가 어류인 상어처럼 지느러미와 유선형 몸을 갖게 된 것이 수렴 진화의 대표적인 예

수렴 진화의 예. 슈가글라이더(왼쪽)와 날다람쥐

지요.

수렴 진화의 또 다른 예가 슈가글라이더와 날다람쥐입니다. 슈가글라이더와 날다람쥐는 글라이딩 모습이 비슷해요. 슈가글라이더는 캥거루목에 속하고, 날다람쥐는 설치목(쥐목)에 속합니다. 두 동물은 유연관계가 멀어요. 그런데도 겉모습만 보면 비슷해 보여요. 비슷한 환경에 적응하다 보니 비슷한 구조를 가지게 된 것이지요. '발산 진화', '수렴 진화' 모두 자연선택으로 인한 진화의 결과라고 볼 수 있습니다.

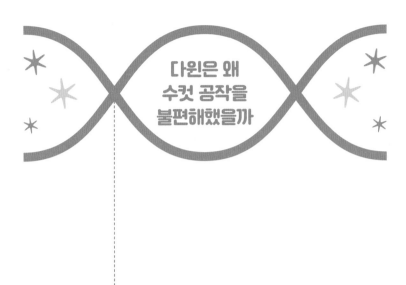

다윈은 왜
수컷 공작을
불편해했을까

수컷 공작의 화려한 깃털을 보면 절로 탄성이
나옵니다. 그런데 다윈은 동료에게 쓴 편지에서 공작의 깃털을 보면
되레 불편하다고 했습니다. 왜일까요? 자연선택설에 들어맞지 않기
때문이지요.

공작의 깃털은 화려해서 포식자의 눈에 잘 띌 뿐 아니라 털이 무
거워 날지 못하게 합니다. 이것은 유리한 형질을 가진 개체가 살아
남는다는 자연선택설과 맞지 않지요. 또한, 자연에서 유리한 형질
이 살아남으면 되는데 굳이 암수의 생김새가 다른 이유도 궁금했습
니다.

다윈은 《종의 기원》 4장에서 자연선택으로 설명되지 않는 이런 경
우를 '성선택'으로 설명합니다.

깃털로 암컷을 유혹하는 수컷 공작

어떤 동물이라도 암컷과 수컷의 구조, 색 또는 장식이 다르다면, 이러한 차이는 주로 성선택에 의한 것이라고 나는 믿고 있다. 성선택은 생존 경쟁으로 결정되는 것이 아니라 암컷을 차지하려고 벌이는 수컷들 사이의 싸움으로 결정된다. 성선택은 많은 동물 중에서 가장 활력 있고 잘 적응한 수컷이 가장 많은 자손을 남길 수 있게 보장한다.

성선택은 자연선택 관점에서는 불리하더라도 암컷에게 선택받거나 암컷을 선택하기에 유리한 형질을 갖는 것을 말합니다. 앞서 말했듯이 수컷 공작은 깃털 때문에 생존에 불리했을 텐데도 살아남았어요. 암컷의 선택을 받았기 때문이란 것이 다윈의 설명입니다. 당연히 이 수컷은 자손을 남기게 되고요. 사슴의 뿔은 어떨까요? 포식자나 경쟁하는 수컷을 공격하는 무기가 될 수 있으니 생존에 유리(자연선택)하고 번식에도 유리(성선택)하다고 볼 수 있습니다.

다윈의 성선택은 1871년 출간된 《인간의 유래와 성선택》에도 잘 정리되어 있는데, 출간 당시 《종의 기원》만큼 호응을 얻지는 못했습니다. 오히려 무시당하거나 비판을 많이 받았어요. 다윈과 자연선택설을 주창한 월리스도 성선택에 대해서는 다른 입장을 보입니다. 그는 수컷의 화려한 장식이나 노래 실력으로 암컷이 수컷을 선택한다는 건 말이 안 된다고 하지요.

하지만 이후의 연구들은 수컷의 화려한 장식이나 노래 실력이 유전자의 우수성을 나타내는 증거이며, 암컷은 그것을 본능적으로 간파해 짝짓기한다는 사실을 알려 줍니다. 다윈의 성선택 이론은 현재 동물행동학과 진화생물학 분야에서 중요한 이론으로 받아들여지고 있습니다.

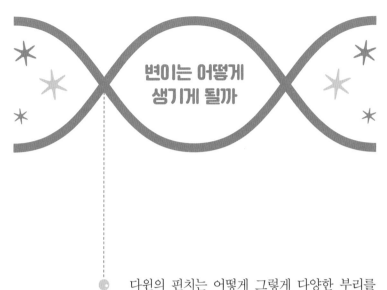

변이는 어떻게
생기게 될까

　　다윈의 핀치는 어떻게 그렇게 다양한 부리를
가지게 되었을까요? (앞에서 말했듯이 그 비밀을 그랜트 부부가 알아냈습
니다.) 기린의 목 길이는 왜 다양할까요? 자연선택설의 시작은 개체
들 사이의 차이 즉, 변이입니다. 개체들 사이에 차이가 있어야 생존에
유리한 형질을 가진 개체가 살아남는 것도 설명할 수 있으니까요.

　다윈이 진화론을 발표한 19세기 당시에는 유전에 대한 지식이 없
어서 변이가 어떻게 생겨나는지, 생겨난 변이는 어떻게 자식에게 전
해지는지를 설명하지 못했어요. 그래서 다윈은 예를 들어 자식들이
부모를 닮는 것은 부모 양쪽의 정보가 섞이는 혼합설로 설명하고,
형제 간의 차이, 즉 얼굴이나 키가 다르거나 하는 것은 라마르크의
획득형질의 유전을 받아들여 설명해요. 특히 자식이 부모를 닮는 원
리를 설명한 혼합설을 판게네시스pangenesis라고 하는데요, 신체 각

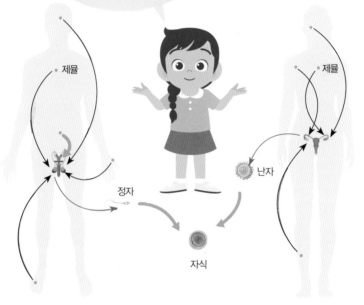

판게네시스 원리

부분의 세포에는 스스로 증식하는 입자인 제뮬gemmule, 어린싹 혹은 소아
체라는 뜻이 들어 있는데 이것이 혈관 등을 통해 생식세포에 모여 자식
에게 전달된다는 논리입니다. 제뮬은 자식의 몸 곳곳으로 분산되어
부모의 형질을 나타내는 것이고요.

　다윈은 '유전' 개념까지는 상상하지 못했어요. 다윈이 《종의 기원》
을 출간한 해가 1859년이고 오스트리아의 멘델이 유전의 법칙을 발
표한 해가 1865년이에요. 두 사람은 동시대를 살았지만, 소통은 없

었던 것으로 보입니다. 다윈은 당대 최고의 과학자였던 반면, 멘델은 일개 수도사였으니까요. 멘델의 논문이 다윈의 서재에 있었다는 주장도 있지만, 멘델의 논문은 독일어로 쓰였고 수학적 해석까지 포함되어 있어 다윈이 읽기에는 어려웠을 것입니다.

변이는 어떻게 생기게 될까 2

20세기에 접어들면서 멘델의 유전 법칙이 재조명되고, 네덜란드 식물학자 휘호 더프리스Hugo de Vries의 돌연변이설과 미국 생물학자 토머스 모건Thomas Morgan의 유전자설이 발표되면서 진화론은 새로운 전기를 맞지요.

더프리스의 왕달맞이꽃

먼저 더프리스의 돌연변이설을 볼게요. 더프리스는 제뮬이 아닌, 쉽게 변하지 않는 판젠pangen을 유전 단위로 설명해요. 판젠에 흔치 않은 변화(돌연변이)가 생기면 생물이 변화한다고 생각했어요. 더프리스는 달맞이꽃의 돌연변이 종인 왕달맞이꽃 재배에 성공함으로써

온실에서 식물을 관찰 중인 더프리스와
그가 개량한 왕달맞이꽃(위).
아래는 달맞이꽃

자신의 생각을 입증합니다. 돌연변이를 통해 새로운 종이 생겨날 수 있다는 것이죠.

더프리스는 1901년에 출간한 《돌연변이설》에서 판젠의 돌연한 변화로 새로운 종이 출현한다고 주장합니다.

종은 연속적으로 연결되어 있는 것이 아니라 돌연한 변화 또는 비약에 의해 발생한다. 이미 존재하는 단위에 새로운 단위가 추가되면 비약이 생기고, 원래의 종에서 독립한 여러 형의 종으로 분리된다. 새로운 종은 돌연히 발생한다. 그것은 눈에 띄지 않게, 준비도 없이, 또 점차적이지 않고 급작스럽게 발생한다.

달맞이꽃보다 확연히 큰 왕달맞이꽃이 돌연변이에 의해 생기는 것처럼, 기린의 긴 목이나 핀치의 다양한 부리도 돌연변이에 의해 다양해질 수 있다고 설명하게 된 거죠. 돌연변이로 인해 개체 사이에 차이가 생기는데, 특정 환경에서 먹이가 부족하면 생존 경쟁을 하다가 생존에 유리한 개체만 살아남는다는 논리입니다. 더프리스의 돌연변이설은 모건의 초파리 연구(1910년)로 이어집니다.

모건의 흰 눈 초파리

모건은 다윈의 자연선택을 증명하기 위해 초파리로 실험을 합니다. 어두운 곳에 초파리를 오래 두면 환경에 적응해 눈이 퇴화하리라고 예측하지요. 그런데 실험 결과는 뜻밖이었습니다. 눈이 흰색인 새로운 형질의 초파리가 나왔으니까요. 그는 추가 실험에서 유전적 차이를 통해 다양한 초파리 변이가 나오게 된다는 사실을 확인합니다. 초파리의 눈 색만 해도 흰색 외에 갈색, 진갈색, 주홍색 등 다양했으니까요(이 이야기는 〈유전〉 파트에서 자세히 나옵니다).

이제 다윈의 진화론에 멘델의 유전 법칙과 더프리스의 돌연변이설, 모건의 유전자설이 통합됩니다. 이런 학설들을 아우른 이론을 '신다윈주의Neo-Darwinism'라고 해요. 간단히 말하면, 진화론에 유전학이 통합된 것이죠. 신다윈주의에서는 유전자가 돌연변이에 의해 변화하고 변화된 유전자는 표현형을 변화시켜 개체 간에 차이가 생기고, 결국 자연선택으로 이어진다고 설명합니다.

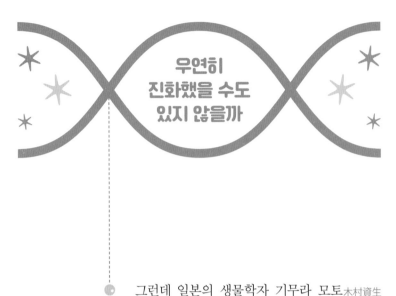

우연히
진화했을 수도
있지 않을까

　그런데 일본의 생물학자 기무라 모토木村資生
는 1968년에 대부분의 돌연변이가 개체의 생존에 영향을 미치지 않
는다는 '중립설'을 주장합니다. 생존에 영향을 주는 건 자연선택이
아니라 우연성, 무작위성이라고 합니다. 이런 주장을 '유전적 부동'
이라고 합니다. 유전적 부동은 쉽게 말하면, 어떤 개체가 살아남을지
는 순전히 우연에 의해 결정된다는 것입니다. 예를 들어, 갈색 다람
쥐와 회색 다람쥐가 함께 사는 집단에서 산불이 났어요. 우연히 불
이 난 지역에 회색 다람쥐가 많았다면 회색 다람쥐가 죽어 그 집단
에서는 자연스럽게 갈색 다람쥐가 더 많아질 수밖에 없다는 얘기예
요. 사람에게 우연히 밟혀 죽은 곤충 무리나 털색이 예뻐 인간에게
떼죽음을 당한 여우는 자연선택으로 설명할 수 없거든요.
　기무라는 이런 사례를 들어 특정 개체의 생존과 죽음은 환경에 잘

유전적 부동은 자연선택설만으로 설명되지 않는 생명체도 있음을 말해 준다.

적응하느냐와 관계없이 무작위적이고 우연히 발생하는 현상이라고 주장합니다. 우연히 특정 생물 집단이 다른 장소로 들어오거나 나가서 집단 구성이 달라지는 것도 예가 될 수 있고요.

자연선택이냐, 유전적 부동이냐를 놓고 과학자들 사이에서도 의견이 분분합니다. 그런데도 분명한 것은 집단의 유전자 빈도에 영향을 주는 원인을 찾을 때는 (염색체와 유전자의) 돌연변이, 자연선택, 유전적 부동 등을 모두 고려해야 한다는 것입니다.

유전자 빈도는 한 생물 집단 안에 특정한 유전자가 존재하는 정도를 말합니다. 예를 들면 혈액형도 국가별로 분포가 다른데요, 우리나라에 비해 미국은 O형 비율이 높다고 하네요. O형의 유전자 빈도가 미국이 우리나라보다 높은 거지요.

그렇다고 해서 집단 내 유전자 빈도의 변화가 새로운 종의 출현을 알리는 건 아닙니다. 세대를 거치며 유전자 빈도의 변화가 생기는 것, 즉 종 내의 작은 변화를 '소진화'라 하고, 종이 분화되는 과정에서 새로운 종이 출현하는 것을 '대진화'라고 해요. '생명의 나무'에서 새 가지가 뻗어 나가는 건 대진화라고 볼 수 있어요.

하지만 대진화를 어느 수준에서의 변화로 볼지에 대해서는 의견이 다양해요. 현재 생물은 계-문-강-목-과-속-종 순서로 분류하는데, 가장 낮은 단계인 종에서의 변화도 대진화로 볼 수 있다는 견해가 있는가 하면, 속 혹은 과 이상은 되어야 한다는 견해도 있고, 그보다 상위인 목 혹은 강 정도는 되어야 한다는 주장도 있습니다.

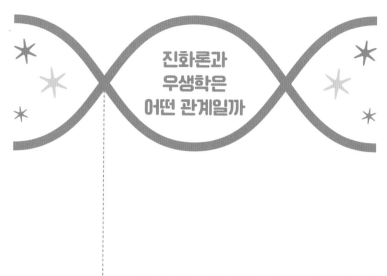

진화론과 우생학은 어떤 관계일까

　　다윈이 말한 적자생존을 인간 사회에 적용하면 어떨까요? 다윈의 사촌동생이자 영국의 인류학자 프랜시스 골턴Francis Galton은 다윈의 진화론을 악용해 우생학을 탄생시켰습니다. 우생학은 쉽게 말하면 유전자의 '질'을 개량해서 인간을 더 나은 존재로 만들려는 학문인데요, 골턴이 처음 주장했습니다. 질을 개량한다는 건 '질이 안 좋은 인간이 있다'는 전제이니, 질이 안 좋다고 평가된 사람들은 자연 차별과 박해를 받게 됩니다. 우생학 하면 히틀러와 나치를 먼저 떠올리죠. 히틀러는 유대인, 장애인, 집시, 동성애자 등을 열등한 존재로 몰아세우며 잔인하게 학살했습니다.

　　골턴은 두개골 형태, 지문 등의 특징을 통해 범죄자를 구분하는 방법을 개발하고, 인류가 발전하려면 범죄자나 장애인 등 사회에 문제를 일으키거나 사회의 짐이 되는 열등한 유전자를 가진 사람들은

프랑스 쇼아 박물관에 전시된
홀로코스트 어린이 희생자 사진

우생학 창시자
골턴

러시아 사상가
크로포트킨

자손을 낳지 못하게 해야 한다고 주장했습니다. 이런 우생학 논리는 서구 열강이 다른 나라를 강압적으로 빼앗아 지배하는 근거로도 악용되지요.

다윈의 적자생존에서 '적자'는 1등만 의미하는 것은 아닙니다. 사실 적자생존은 다윈의 개념이 아니라 사회학자였던 허버트 스펜서 Herbert Spencer 가 1864년에 출간한 《생물학의 원리》에서 처음 사용한 용어입니다. 적자생존은 영어로 'survival of the fittest'인데 최상급이 쓰이긴 합니다. 하지만 다윈이 쓴 적자생존에선 1등만 가리는 과정은 아니었습니다. 자연은 훨씬 더 관대하고 유연합니다. 자연은 환경에 잘 적응하지 못하는 일부 개체만 가려낼 뿐입니다. 최재천 교수가 자연선택과 잘 어울리는 표현은 최상급인 'the fittest'보다 비교급인 '더 잘 적응한the fitter'이라고 한 이유입니다.

한편 19세기 러시아의 지리학자이자 사상가인 크로포트킨Kropotkin 은 상호 협력을 강조하며, 진화의 가장 중요한 요소는 '사회성'이라고 했습니다. 다윈은 생존 경쟁을 하면서 진화한다고 했는데, 크로포트킨은 상호 협력이 진화의 더 큰 요인이라고 주장한 것이죠. 그는 개미나 벌 등을 예로 들면서 경쟁이 아니라 협력이 최선의 자연선택이라고 했습니다. 인간 사회에서도 사회성이 좋고 협력을 잘하는 사람이 적자일지 모르겠습니다.

말은 어떻게 진화해 왔을까

❶, ❷번 그림 중 어느 쪽이 말의 진화를 더 잘 설명하고 있을까요?

❶번 그림은 한 종류의 말이 계속 진화해 가는 모습을 보여 줍니다. 이런 시각은 19세기 미국의 고생물학자 오스니얼 마시Othniel Marsh가 처음 제시했습니다. 그는 화석들을 수집했는데, 우연히 말의 화석들을 손에 넣으면서 말의 진화도 연구하게 됩니다. 앞발 4개, 뒷

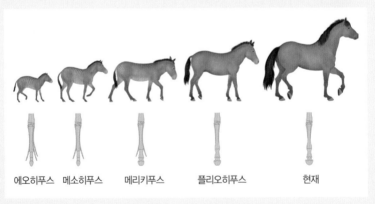

에오히푸스　메소히푸스　　메리키푸스　　　플리오히푸스　　　　현재

❶ 말이 일직선으로 진화했다고 주장하는 그림. 시간이 지날수록 몸집이 커지고, 머리 골격이 커지면서 주둥이도 길어진다.

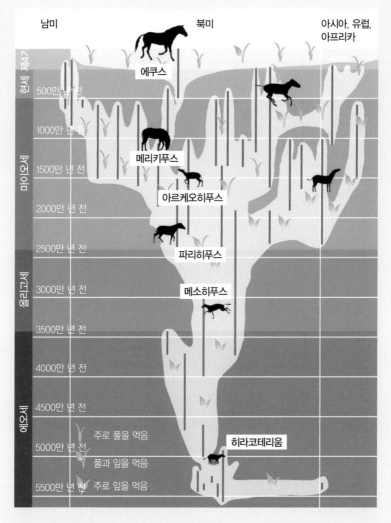

남미　　　　북미　　　　아시아, 유럽, 아프리카

현세 제4기

500만 년 전

1000만 년 전

마이오세

1500만 년 전

2000만 년 전

2500만 년 전

올리고세

3000만 년 전

3500만 년 전

4000만 년 전

4500만 년 전

에오세

5000만 년 전

5500만 년 전

에쿠스

메리키푸스

아르케오히푸스

파리히푸스

메소히푸스

히라코테리움

주로 풀을 먹음

풀과 잎을 먹음

주로 잎을 먹음

❷ 서식 환경이 숲에서 초원으로 변하면서 이에 적응하느라 말이 복잡하고 다양하게 진화해 왔음을 보여 주는 그림. 진화학자 브루스 맥페이든 논문에 실려 있다. 마치 나무가 여러 가지를 뻗어 가면서 성장하듯이 수많은 말이 나타났다 사라졌다.

(출처: 브루스 맥페이든Bruce MacFadden(2005), 화석 말-진화의 증거Fossil Horses-Evidence of Evolution, *Science*, 307(5716), 1728~30.)

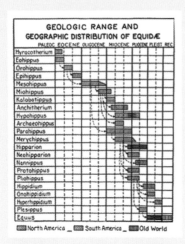

GEOLOGIC RANGE AND
GEOGRAPHIC DISTRIBUTION OF EQUIDÆ

매튜의 논문에 실린 말의 진화 과정을 설명한 그림 중 하나

발이 3개인 초기의 조그만 말(에오히푸스 Eohippus)에서 현대의 커다란 말(에쿠스 Equus)의 화석까지 보면서 ❶번처럼 말이 진화했다고 확신하지요.

마시의 연구 내용은 미국 고생물학자 윌리엄 매튜 William Matthew가 1926년에 발표한 논문 〈말의 진화: 기록과 해석〉에 반영돼 세상에 알려집니다.

매튜는 이 논문에서 위 그림처럼 동시대에 여러 크기의 말이 함께 살았고 가지를 뻗어 가면서 갈라지는 걸 그림으로도 나타냈지만, 사람들은 시대별로 두개골과 어금니가 달라지는, ❶번 그림처럼 일직선으로 진화하는 과정을 표현한 그림에 더 주목했다고 합니다.

그래선지 말의 조상에서 지금의 말까지 말은 일직선으로 진화해 왔다는 주장에 사람들은 더 기울었고 오랫동안 교과서와 자연사박물관 등 여러 곳에는 ❶번 그림이 주로 쓰였습니다.

그런데 1920년대 이후 말과 포유류 화석들이 엄청나게 발견됩니다. 말의 진화에 대한 설명도 바뀝니다. 기존 주장처럼 진화해 온 것이 아니라 맥페이든 논문 즉, ❷번 그림처럼 나무 형태로 진화해 왔음이 밝혀지죠. 당연히 미국자연사박물관의 전시물도 바뀝니다. 동시대에 몸집이 다른 말들을 함께 보여 주는 식으로요. 다음과 같은 문구를 적어 두는 것도 잊지 않습니다.

여전히 불완전한 부분이 있다.
새로운 화석이 발견되면 진화의 경로는 수정될 것이다.

2장

생물의 분류

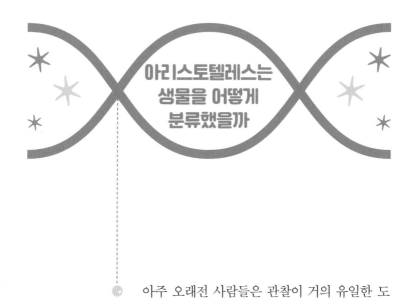

아리스토텔레스는 생물을 어떻게 분류했을까

아주 오래전 사람들은 관찰이 거의 유일한 도구였어요. 관찰을 통해 지구의 다양한 생물을 정리하고 분류도 했지요.

대표적인 자연철학자인 아리스토텔레스를 살펴볼게요. 그는 놀랍게도 당대에 동물을 해부해 연구했습니다. 혈액이 있느냐 없느냐, 알을 낳느냐 등 변하지 않는 생물의 본질적인 특징을 찾아내기 위해서였죠. 그리고 알아낸 것을 바탕으로 생물 분류를 시도합니다. 분류 기준은 그의 책《동물의 발생》에 자세히 나와 있습니다.

고래를 사람, 개처럼 새끼를 낳는 포유류로 분류한 점이 놀랍습니다. 2천여 년 뒤인 18세기에 린네가 고래를 어류로 분류했다가 포유류로 정정했던 것을 생각하면 아리스토텔레스가 얼마나 앞서간 사람인지 알 수 있지요.

유혈동물	
태생	인류 태생 사족류 고래류
난태생	연체어류
난생	조류 난생 사족류 무족류
불완전 난생	어류

무혈동물	
불완전 난생	연체류
연각류	저생 혹은 자연발생 유절류
무성 생식 또는 자연발생	갑각류 기타

오, 역시 아리스토텔레스!
그 시대에 생물을 분류할
생각을 했다니!

아리스토텔레스의 분류법은 그의 제자들을 통해 식물계에서도 응용되고 발전합니다. 18세기 린네의 분류 방법이 등장하기까지 2천 년 넘게 아리스토텔레스의 분류법이 계속 쓰이죠.

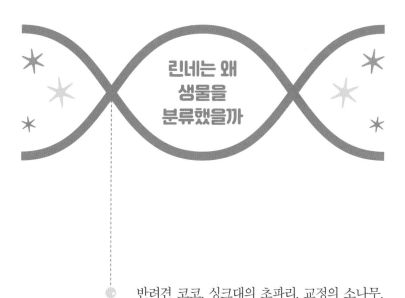

린네는 왜
생물을
분류했을까

반려견 코코, 싱크대의 초파리, 교정의 소나무, 몸속 세균, 벼, 미역, 고등어 외에도 지구상에는 다양한 생물이 존재하죠. 현재 지구에는 이름이 붙은 생물만 200만 종에 이르며 이름 없는 생물까지 합치면 1천만 종이 넘는다고 합니다. 진화론은 생물들이 어떻게 이렇게 다양하게 되었는지에 대한 답을 주었어요. 하지만 생물의 생김새를 보고 무리를 나누는 건 그보다 훨씬 오래전의 일이에요. 앞서 보았듯이 아리스토텔레스도 생물을 분류했으니까요.

'생물 분류' 하면 가장 먼저 스웨덴의 식물학자 칼 린네Carl Linne를 꼽습니다. 왜일까요? 그가 처음 생물을 체계적으로 분류하는 방법을 생각해 냈기 때문이죠. 그뿐인가요. 지금 우리에게도 익숙한 종의 학명에 쓰이는 '이명법'을 처음 만든 사람도 린네예요. 종은 생물을 분류할 때 가장 낮은 단계로, 분류의 기본 단위라고 해요. 이명법은 뒤에서 더 설명할게요.

린네는 대학에서 의학을 전공했지만, 식물에 관심이 많아 채집 여행을 다니면서 새로운 식물을 발견했습니다. 당시 유럽은 항해술을 비롯한 기술의 발전으로 아메리카, 인도 등 다른 세계로 진출하고 있었어요. 자연스레 새로운 생물들을 알게 되었고, 생물들이 많아지다 보니 생물들을 더 체계적으로 구분하고 분류할 방법도 고민하기 시작합니다.

분류는 신을 빛내는 일

신의 위대함을 드러내기 위해 생물을 분류한 린네

린네는 독실한 기독교도였어요. 생물을 체계적으로 분류하는 일이 신을 더욱 빛내는 일이라고 생각했죠. 신이 창조한 생물이 이렇게 많다는 걸 보여 주는 일이니까요. 그는 자신의 책 《자연의 체계》에서 채집해서 얻은 식물, 동물, 광물을 분류해 놓았습니다. 4천여 종의 동물과 5천여 종의 식물을 이 책에서 다루고 있어요.

일단 린네는 지상의 존재를 동물계, 식물계, 광물계 3계로 분류했습니다. 그러고는 각 계를 다시 강, 목, 속, 종 순서로 세분화했지요. 예를 들어 사람과 개는 동물계이고, 몸이 털로 덮여 있고 새끼를 낳아 젖을 먹여 키우는 포유강에 속합니다. 다시 사람은 영장목, 개는 식육목으로 구분합니다. 이처럼 린네의 분류 체계는 생물들을 세분화하며 묶어 가는 계층적인 체계입니다. 린네의 분류 방법에 '문'과 '과'가 추가되어 현재 쓰이고 있는 체계가 완성되었지요.

- 린네의 분류 체계: 계 ― 강 ― 목 ― 속 ― 종
- 현재의 분류 체계: 계 ― 문 ― 강 ― 목 ― 과 ― 속 ― 종

이명법의 발명

"같은 생물인데 나라마다 부르는 이름이 다르면 어쩌죠?"
"이름을 보고 그 생물이 속한 집안을 알 방법은 없나요?"
이런 질문에 대한 답으로 린네가 만든 것이 학명과 이명법입니다.
학명은 학문에서 쓰는 생물의 이름이에요. 속명과 종명만 표기하죠. 속명과 종명 두 이름을 쓴다고 해서 이런 규칙을 이명법二名法이라고 해요. 예로 들어 김건우라면 김씨 집안 사람이고, 이름은 건우

죠. 여기서 '김'이 속명이고, '건우'가 종명에 해당합니다. 속명은 그 생물이 속한 가족, 종명은 고유 이름을 나타내는 것이죠.

속명과 종명은 라틴어 이탤릭체로 표기해요. 라틴어를 쓰는 이유는 후대에 그대로 전해질 확률이 높아서라고 하네요. 이탤릭체를 쓰는 이유는 다른 글들과 있을 때 생물 이름을 구분하기 위해서고요. 손으로 쓸 때나 정자체로 쓸 때는 이탤릭체 대신 밑줄을 치기도 합니다. 속명의 첫 자는 언제나 대문자로 쓰고, 종명은 소문자로 표기합니다.

학명엔 그 생물에 대한 정보가 담겨 있어요. 예를 들어 쌀의 학명은 오리자 사티바*Oryza sativa*인데, 오리자*Oryza*는 라틴어로 '쌀', 사티바*sativa*는 '경작된'이란 뜻이에요. 그러니까 '경작된 쌀'이라는 의미지요. 예를 더 들어 볼게요.

사람: *Homo sapiens* Linnaeus

개: *Canis lupus familiaris*

사람의 학명인 호모 사피엔스*Homo sapiens*는 라틴어로 '지혜로운*sapiens* 인간*Homo*'을 뜻해요. 뒤에 붙은 린네우스*Linnaeus*는 명명자를 나타냅니다. 명명자는 학명을 발표한 사람의 이름을 말하며, 정자(고딕체)로 표기하거나 생략하기도 해요. 사람처럼 호모*Homo* 속 집안에 속하는 생물에는 또 누가 있을까요? 유감스럽게도 없습니다.

같은 호모속이었던 네안데르탈인이 멸종했기 때문에 인류는 지구에서 살아 있는 유일한 호모속입니다.

늑대와 개의 학명은 카니스 루푸스*Canis lupus*로 같습니다. 개의 학명 뒤에 붙은 파밀리아리스*familiaris*는 '사육되는'이라는 뜻인데, 야생성이 적고 인간에게 친숙한 늑대의 아종®임을 나타내는 말이지요. 아종까지 나타낸 명명법을 삼명법이라고 합니다.

다음 예시는 소나무와 그 친척들입니다. 그냥 보면 비슷해 보이지만, 잎 모양만 해도 다릅니다. 뾰족한 잎이 2개면 한국산 소나무 해송, 3개면 일본산 소나무인 리기다소나무, 5개면 잣나무예요.

셋은 모두 속명이 피누스*Pinus*인 소나무 집안이지만, 종명인 이름은 다 다릅니다. 해송의 종명은 툰베르기*thunbergii*, 리기다소나무는 리기다*rigida*이고, 잣나무는 코라이엔시스*koraiensis*예요. 이들을 학명

🌲 **아종, 품종, 변종**

아종, 품종, 변종은 모두 종의 하위 단계다. 아종은 서식지가 다른 같은 종을 말한다. 아종끼리는 공통 형질이 많고, 교배가 가능하다. 즉, 지리적으로는 떨어져 있어도 생식적으로는 떨어져 있지 않은 것이다. 분포 구역이 넓은 조류의 경우 1910년까지 1만 9천 종으로 기록되었지만, 1946년 진화생물학자 에른스트 마이어*Ernst Mayr*가 이들 사이에 아종이 존재함을 밝혀 절반도 안 되는 8,600종으로 정리했다.

품종이란 말은 주로 식물에 쓰이며, 인위적인 교배로 생겨난 개체를 의미한다. 현대 생명과학의 관점에서 보면 유전자 조작으로 개량된 종도 해당한다. 소나무의 개량종인 반송이 품종의 예이다. 반송의 학명은 *Pinus densiflora f. multicaulis Uyeki*이다. 학명 중간의 f가 품종*forma*의 줄임말이다.

변종은 전에는 자연 상태의 돌연변이로 종의 하위 개념으로 쓰였지만, 현대의 동물분류학에서는 쓰이지 않는다.

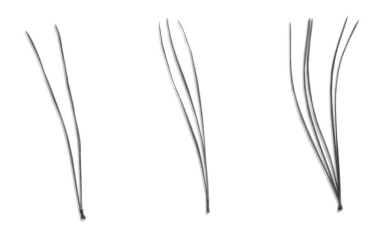

(왼쪽부터) 해송, 리기다소나무, 잣나무 잎

으로 정리하면 다음과 같습니다.

해송: *Pinus thunbergii*

리기다소나무: *Pinus rigida*

잣나무: *Pinus koraiensis*

학명 덕분에 학자들은 자신이 연구하는 생물을 정확히 알고 연구를 진행할 수 있게 되었죠. 린네 이전의 분류학자 중에서도 속명과 종명을 이용해 생물을 명명한 사람이 있었지만, 린네는 일관되게 이명법을 사용해서 널리 보급시켰습니다.

종은 뭘까

그렇다면 종species이란 무엇일까요?

늘대가 멸종위기종이라거나 지금보다 평균기온이 3도가 높아지면 지구 생물의 3분의 1에 해당하는 약 200만 종이 멸종될 수 있다는 뉴스를 들어 봤을 거예요.

생물 분류 체계에서 가장 아래에 있는 '종'은 어떤 특징을 갖고 있을까요? 종은 '다른 개체군과 생식적으로 격리되어 있는 개체군'을 뜻합니다. '생식적으로 격리되어 있다'는 것은 쉽게 말하면, 교배가 불가능해 자손을 낳을 수 없다는 의미입니다. 그래서 사람은 인종과 상관없이 하나의 종이지만, 개와 고양이는 서로 다른 종이에요. 개와 고양이는 교배가 불가능해 새끼를 낳을 수 없으니까요. 이런 종의 특징은 식물에도 적용돼요. 예를 들어 소나무 꽃가루를 잣나무 꽃의 암술에 인공적으로 묻혀 주어도 열매가 생기지 않아요. 다시 정리하면 '종'은 자연 상태에서 교배해서 생식 능력이 있는 자손을 낳을 수 있는 개체의 집단을 말합니다.

종을 가르는 것

자손은 낳았는데 그 자손이 생식 능력이 없는 경우도 있을까요? 동물원에서 관상용으로 태어난 라이거가 그렇습니다. 라이거는 암컷 호랑이와 수컷 사자 사이에서 태어났는데요, 번식 능력이 없어요. 수컷 호랑이와 암컷 사자 사이에서 태어난 타이곤도 마찬가지예요.

사자와 호랑이는 비교적 최근에 갈라진 종으로 염색체 수도 38개로 같습니다. 하지만 염색체 모양이나 조성이 다르고, 서식지도 달라서 자연 상태에서는 자손 번식이 일어나지 않아요. 그러니 사자, 호랑이, 라이거는 하나의 종이라고 볼 수 없지요.

라이거(왼쪽)와 타이곤

물론 자연 상태에서는 일어나기 힘든 일이 인간의 개입으로 일어나기도 합니다. 독일, 인도, 러시아의 동물원에서 암컷 라이거와 수컷 사자가 교배해 새끼를 낳았기 때문입니다. 타이곤 암컷도 마찬가지였어요. 라이거, 타이곤 수컷은 모두 번식 능력이 없었고요. 여하튼 새끼를 낳았으니 라이거와 타이곤을 사자나 호랑이와 같은 종으로 볼 수 있을까요?

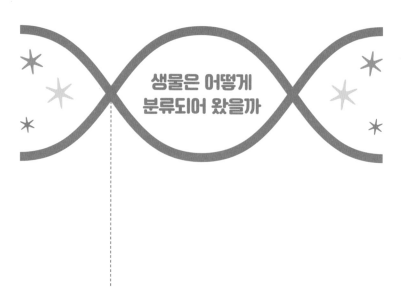

생물은 어떻게 분류되어 왔을까

생물을 분류하는 방법은 시대에 따라 달라집니다. 생물을 관찰하는 기술이 그만큼 발달하기 때문이죠. 현미경 등 관찰 도구가 속속 발명되면서 식물이나 동물로 분류하기 애매한 생물들도 확인할 수 있게 됩니다. 움직이거나 광합성을 하는 단세포 생물들이 대표적이지요. 19세기 독일의 생물학자 에른스트 헤켈Ernst Haeckel은 현미경으로 관찰되는 작은 생물들(짚신벌레, 아메바 등)을 동물계에 넣지 않고 원생생물계라는 새로운 계를 만들어 분류했습니다. 일부 조류(녹조류, 갈조류 등) 또한 식물계에서 원생생물계로 재분류했죠.

원생생물을 처음 관찰한 사람은 앞에서도 소개했던 레이우엔훅입니다. 그는 자신이 만든 현미경으로 미생물과 정자를 관찰합니다. 그가 1676년 네덜란드 왕립학회에 보낸 〈빗물, 우물물, 바닷물, 눈이

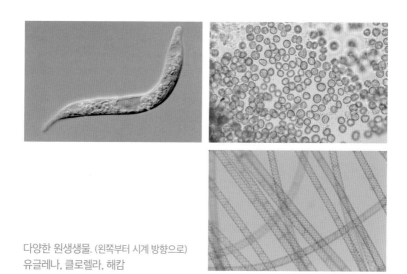

다양한 원생생물. (왼쪽부터 시계 방향으로)
유글레나, 클로렐라, 해캄

녹은 물, 심지어는 후추를 담가 놓은 물에서 관찰한 작은 동물에 관하여〉라는 편지를 보면 원생생물로 추측되는 여러 작은 생물에 대해 자세히 쓰여 있어요. 원생생물은 대체로 하나의 세포로 이루어져 있고 떠다니거나 어딘가에 붙어서 살아갑니다. 일부 군체를 이루어 살아가거나 다세포인 원생생물도 있습니다.

린네는 '균류(곰팡이, 버섯류)'가 움직이지 않아서 식물계로 넣었는데, 20세기 미국의 식물생태학자 로버트 휘태커Robert Whittaker는 '균계'로 따로 분류할 것을 제안하지요. 이렇게 한 이유는 균계와 식물계가 양분을 얻는 방식과 세포벽의 성분 등 차이점이 많았기 때문이에요. 식물은 광합성을 통해 스스로 양분을 만드는 반면, 균류는 주변 물질을 분해하거나 흡수해서 양분을 얻습니다.

고세균의 발견

휘태커는 1969년 동물계, 식물계, 균계, 원생생물계, 모네라계 모두 5계를 제안합니다. 모네라는 세포핵이 없는 원핵생물을 말해요. 대표적인 원핵생물이 세균입니다. 이 5계에 '고세균계'를 추가한 것이 현재의 생물 분류 체계인 6계예요. 6계는 미국의 분류학자 칼 워즈Carl Woese가 1977년에 고세균을 발견하면서 제안한 것입니다.

고세균은 세균과 공통점이 있으면서 뚜렷하게 다른 점도 있었어요. 그래서 칼 워즈는 기존의 세균bacteria을 고세균과 구분해서 '진짜 세균'이라는 의미로 진정세균Eubareria이라고 불렀습니다. 둘을 서로 다른 계로 분류했고요. 진정세균과 고세균은 핵이 없는 세포로 이루어진 원핵생물로 둥근 형태의 DNA를 가지고 있는 것이 공통점이에요.

하지만 칼 워즈는 이 둘의 차이점에 더 주목했지요. 먼저, 진정세균과 고세균의 리보솜을 구성하는 RNA의 염기 서열을 비교한 결과 차이가 뚜렷했거든요. 고세균의 염기 서열은 진핵생물의 리보솜의 염기 서열과 비슷했어요. 진정세균과 고세균은 세포벽 성분과 세포막의 성분도 달랐어요. 그래서 세균을 죽이는 데 효과적인 항생제가 고세균에서는 작용하지 않아요. 항생제가 세포막이나 세포벽을 만드는 과정을 방해해야 하는데, 방해하지 못하니까요. 이러한 차이점

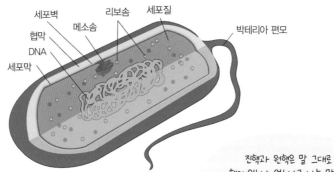

세포벽 메소솜 리보솜 세포질

협막

DNA

세포막

박테리아 편모

원핵세포

진핵과 원핵은 말 그대로
핵이 있느냐 없느냐로 나눈 말이야.
DNA에 유전 정보가 담겨 있는데
이 DNA가 핵이라는 소기관에 따로 들어 있으면 진핵,
그렇지 않고 DNA가 원핵세포 그림처럼
세포질에 나와 있으면 원핵세포라고 해.
DNA, 리보솜, RNA 이런 말들 어렵지?
뒤에서 자세히 설명할 거야.
여기선 일단 읽고 패스!

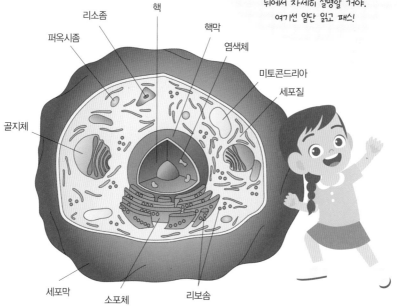

리소좀 핵

퍼옥시좀 핵막

염색체

미토콘드리아

세포질

골지체

세포막 소포체 리보솜

진핵세포(사람 세포)

을 들어 워즈는 고세균을 따로 분류합니다. 그 결과, 지구 생물을 진정세균역, 고세균역, 진핵생물역으로 나누는 새로운 분류 체계를 제시했지요.

지금까지의 내용을 정리하면 다음 표와 같습니다.

린네(1735년)	헤켈(1866년)	휘태커(1969년)	워즈(1977년)	
2계 분류	3계 분류	5계 분류	3역 6계 분류	
식물계 (소나무, 벼, 미역 등)	원생생물계 (미역 등)	모네라계 (대장균 등)	진정세균역	진정세균계 (대장균 등)
		원생생물계 (미역 등)	고세균역	고세균계
	식물계 (소나무, 벼 등)	식물계 (소나무, 벼 등)	진핵생물역	원생생물계 (미역 등)
				식물계 (소나무, 벼 등)
동물 (사람, 개, 초파리, 고등어 등)		균계		균계
	동물계 (사람, 개, 초파리, 고등어 등)	동물계 (사람, 개, 초파리, 고등어 등)		동물계 (사람, 개, 초파리, 고등어 등)

생물 분류 체계의 변화

19세기 학자들은 생물들 간의 유사점을 바탕으로 진화의 과정을 추적해 갔습니다. 그리고 각 생물군을 독립된 집합이 아니라 서로 연결된 나무 즉, 계통수로 이해하게 됩니다.

계통수는 지구에서 살고 있거나 멸종된 모든 생물의 진화 과정을

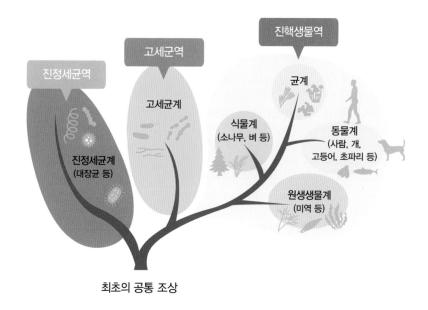

진핵생물역

고세균역

진정세균역

균계

고세균계

식물계
(소나무, 벼 등)

동물계
(사람, 개,
고등어, 초파리 등)

진정세균계
(대장균 등)

원생생물계
(미역 등)

최초의 공통 조상

계통수

나무 모양으로 나타낸 것입니다. 공통 조상에서 종이 갈라져 나와
생물이 다양해지는 과정과 생물들 사이의 관계를 한눈에 보여 주지
요. 진핵생물이 원핵생물에는 없는 핵을 비롯한 세포 소기관들을 갖
고 있으니 더 나중에 출현했으리라고 쉽게 짐작할 수 있습니다.

그러면 진정세균과 고세균 중에서는 어느 쪽이 공통 조상에 더 가
까울까요? 둘 중 어느 쪽이 진핵생물과 더 가까운지를 묻는 질문이
기도 하지요. 처음에 과학자들은 고세균이 진정세균보다 지구에 먼
저 출현한 원시 형태라고 생각했습니다. 고세균이 발견된 장소가 초
기 지구 환경과 비슷한 온도나 염도가 높은 극한 환경, 즉 심해나

화산 지형이었기 때문이지요. 그런데 고세균이 세균에는 없고 진핵생물에는 있는 특징을 일부 갖고 있었어요. 그래서 현재 과학자들은 고세균이 진핵생물에 더 가깝다고 보고 있습니다.

최초의 공통 조상은?

계통수에서 나무의 뿌리인 모든 생물의 공통 조상은 누구일까요? 앞쪽의 계통수에서는 공통 조상으로부터 진정세균이 먼저 출현하고 고세균이 나중에 출현한 것으로 표현됩니다. 하지만 공통 조상이 무엇인지, 6계의 생물 집단이 이 공통 조상과 어떤 연관이 있는지는 여전히 논쟁 중입니다.

계통수에서 인간은 동물계에 위치합니다. 사다리의 맨 꼭대기에 있는 것이 아니라, 다른 생물들처럼 생명의 나무 한 가지를 차지하고 있는 것이지요.

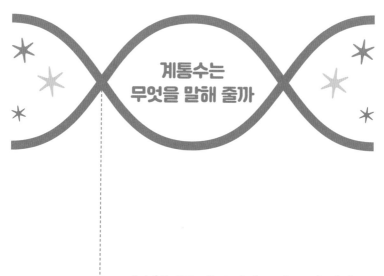

　　여기 '대장균, 개, 초파리, 소나무, 벼, 미역, 고등어'가 있습니다. 우리와 이들 사이를 살펴보죠. 누구와 더 가깝고 멀까요? 오래 생각 안 해도 초파리보다 개와 더 가깝다고 느낄 것입니다. 개와 닮은 점이 더 많으니까요.

　　계통수를 보면, 생물들 간의 가까운 정도 즉, 유연관계를 한눈에 볼 수 있습니다.

　　다음 계통수에서 A는 사람과 개의 가장 최근의 공통 조상을 나타냅니다. 이 계통수에 원숭이를 추가한다면 어디에 그리면 될까요? 사람과 개 사이에 가지를 추가하면 될 것입니다. 원숭이는 개보다 사람과 더 가깝기 때문이죠. 동물계인 사람, 개, 고등어, 초파리는 먼 과거에 공통 조상에서 갈라져 나왔으며 그 이전에 갈라진 식물계인 소나무, 벼와 비교하면 사람과 더 가까운 관계라는 사실을 알 수 있지요.

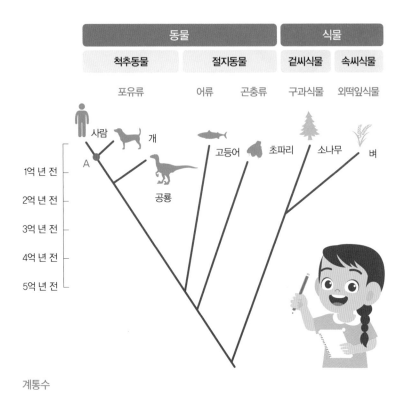

동물				식물	
척추동물		절지동물		겉씨식물	속씨식물
포유류		어류	곤충류	구과식물	외떡잎식물

계통수

계통수는 생물 분류에 진화 개념을 통합한 것이라 더 정확하게 생물을 분류할 수 있게 해 줍니다. 린네는 생물을 분류할 때 겉모습을 기준으로 삼았어요. 겉모습이 비슷하면 가까운 관계로 본 것이죠. 그런데 그럴 경우 문제가 생깁니다. 상어와 돌고래가 대표적인 예인데요, 둘은 생김새는 비슷하지만 돌고래는 새끼를 낳고, 상어는 알을 낳습니다. 돌고래와 상어는 최근의 공통 조상에서 진화한 것이 아니라, 유사한 환경에 적응한 결과일 뿐인 거지요. 앞에서 말한

수렴 진화의 예입니다. 유연관계는 먼데 겉모습만 비슷하게 진화해 온 것입니다. 또 박쥐와 새를 보면 모두 날개가 있어 가까운 사이 같지만 박쥐는 포유류, 새는 조류로 유연관계가 멀지요.

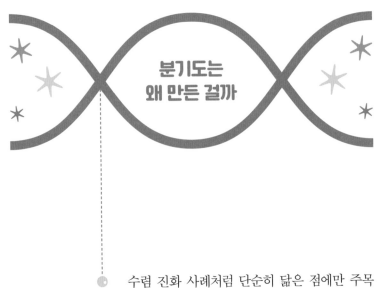

분기도는
왜 만든 걸까

수렴 진화 사례처럼 단순히 닮은 점에만 주목하면, 분류가 잘못될 수 있습니다. 그래서 과학자들은 새로운 시각을 갖게 됩니다. 한 생물군과 그 조상이 모두 가지는 형질이나 새로 갖게 된 형질에 주목한 것이지요. 생물들이 모두 가지는 형질이 뭔지, 차이가 나는 것은 무엇이지 연구한 것입니다.

예를 들어 린네는 사람과 개를 척추동물문 포유강으로 분류했는데, 둘이 모두 가진 척추는 공통 조상으로부터 물려받은 공유형질이고, 개의 털은 새롭게 생겨난 파생형질인 것입니다. 한 생물군과 그 조상이 가지는 공통된 형질을 '공유(조상)형질'이라 하고, 조상은 가지고 있지 않은데 후손에게 새로 생긴 형질은 '파생형질'이라고 합니다. 시간이 지나면서 파생형질이 공유형질이 될 수 있는데, 이런 형질을 '공유파생형질'이라고 하지요. 다음 그림을 보면 개구리에는 양

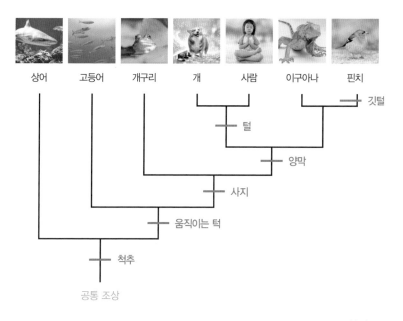

상어　　고등어　　개구리　　개　　사람　　이구아나　　핀치

깃털

털

양막

사지

움직이는 턱

척추

공통 조상

분기도

막이 없는데 개, 사람, 이구아나, 핀치에는 양막이 있습니다. 양막은
개, 사람, 이구아나, 핀치의 공유파생형질인 거지요.

　1990년대 초반부터 이런 공유파생형질을 토대로 생물들을 분류
했습니다. 공유파생형질을 통해 생물들 사이의 멀고 가까운 관계를
나타내는 것이 더 정확하다고 판단해서입니다. 그리고 이 관계를 그
림으로 보기 좋게 정리해 놓은 것을 '분기도'라고 합니다.

　위의 분기도에 표시된 붉은색 부분이 공유파생형질입니다. 공유파
생형질 개수가 많을수록 그 생물들끼리 가까운 관계라는 사실을 알
수 있지요. 사람과 개는 공유파생형질이 5개(척추·움직이는 턱·사지·양

막·털)이고, 사람과 상어는 1개(척추)뿐입니다. 사람은 개와 상어 중 개와 더 가까운 사이인 거지요.

이쯤에서 궁금하지 않나요? 왜 이렇게 멀고 가까운 관계를 알아 내려고 하는 것일까요? 인간을 위해서일 수도 있고, 특정 생물을 위해서일 수도 있겠네요. 난치병을 치료할 신약이 개발될 경우, 그 효과를 확인하기 위해 동물을 대상으로 실험을 하는 경우가 많습니다. 이때 기준이 되는 것이 유연관계입니다. 인간과 유연관계가 가까운 동물을 선택하는 것이지요. 멸종위기종인 늑대를 보호하려면, 개와 고양이 중 누구를 연구하는 것이 더 나을까요? 유연관계가 가까운 개일 것입니다.

사람과 가장 가까운 동물은?

20세기에 등장한 분자생물학은 생물들 사이의 공통점과 차이점을 분자 수준에서 비교할 수 있게 해 주었습니다. 그럼 지구의 생물 중 인간과 가장 가까운 생물은 누구일까요? 침팬지와 보노보라고 밝혀졌어요. 이들은 인간과 DNA 98.4퍼센트가 같습니다. 고릴라는 약 97퍼센트, 오랑우탄은 96.4퍼센트가 일치한다고 해요.

분기도의 숫자는 공통 조상으로부터 분기된 시간을 나타냅니다. 인간, 침팬지, 보노보는 약 540만 년 전에 이들의 공통 조상으로부

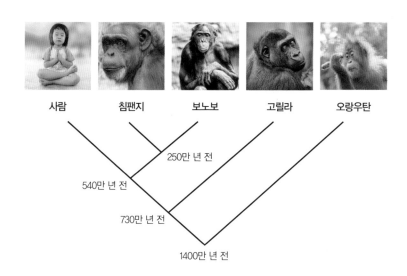

사람과 가까운 동물들

터 갈라져 나와 진화했고, 보노보와 침팬지는 250만 년 전에 그들의
공통 조상으로부터 갈라져 나와 진화했음을 알 수 있습니다.

3장

유전 I

옛사람들은
자식이 부모를 닮은
이유를 어떻게
설명했을까

여러분은 가족 중 누구를 닮았나요? 아빠를 닮았네, 엄마를 닮았네 하는 말을 들은 적이 있을 거예요. 자식은 어떻게 해서 부모를 닮게 되는 것일까요? 옛사람들도 그 점이 무척 궁금했을 것입니다. 어떤 생각들을 했는지 살펴볼까요?

자녀의 생김새에 부모 양쪽이 동등하게 기여한다는 설명은 옛날에도 있었습니다. 다만 그 내용이 지금의 과학적 설명과는 거리가 멀었을 뿐이죠. 기원전 4세기 그리스 의학자 히포크라테스Hippocrates는 부모 몸의 각 부위에서 미립자가 나와 자식에게 전달된다고 주장했습니다. 부모 눈에서 나온 미립자가 자녀 눈의 특징을 결정하고, 부모 혈액의 미립자가 자녀 혈액으로 모여 혈액형을 결정한다는 것이죠. 부모 몸의 정보가 섞여서 자식의 형태를 결정한다는 것입니다. 이에 아리스토텔레스는 히포크라테스의 주장대로라면 부모 양쪽에서 받은 미립자가 모이면 자식 대에서 그 양이 두 배가 되고 대를 거듭할수록 기하급수적으로 증가해야 한다며 반박했지요.

정자에 '왜소인'이 들어 있다고?

레이우엔훅이 현미경으로 동물 20여 종의 정자를 관찰하면서, 17세기 네덜란드의 과학자 니콜라스 하르추커르Nicolaas Hartsoeker는 정자의 머리 부분에 성체의 축소형인 왜소인, 즉 호문쿨루스Homunculus가 존재하며 여자의 몸은 공간과 양분만 제공한다고 주장했습니다.

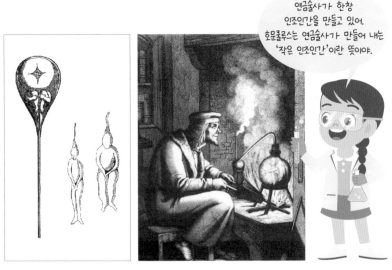

연금술사가 한창 인조인간을 만들고 있어. 호문쿨루스는 연금술사가 만들어 내는 '작은 인조인간'이란 뜻이야.

정자에 들어 있는 왜소인, 호문쿨루스

호문쿨루스는 라틴어로 연금술사가 만들어 내는 '작은 인조인간'이라는 뜻입니다.

하지만 정자의 머릿속에 이미 완성된 작은 인간이 들어 있다는 주장은 자기모순에 빠집니다. 그럼 호문쿨루스 안의 정자에도 호문쿨루스가 들어 있어야 하니까요. 정자와 그 속의 호문쿨루스, 또 그 속의 정자와 호문쿨루스…. 끝이 없을 것 같습니다.

부모의 제물이 자식에게로

18세기 프랑스 수학자 피에르 모페르튀이 Pierre Maupertuis도 부모가 동등한 역할을 하는 '혼합설'을 주장했습니다. 더 간단히 말하면,

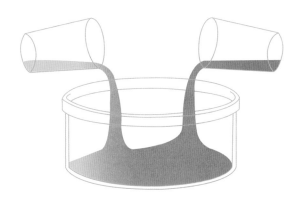

혼합설. 노란색 물감과 붉은색 물감이 섞여 주황색이 되듯이, 혼합설에선 부모의 특징이 남지 않는다.

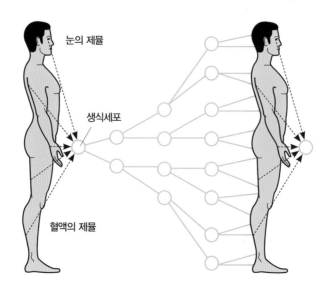

다윈의 유전 이론에 쓰인 제뮬 (출처: *Advances in Genetics*, Vol. 101, 2018)

혼합설은 부모의 특성이 혼합되어 자식에게 나타난다는 주장입니다.

　다윈도 혼합설로 유전을 설명했습니다. 앞에서도 잠깐 설명했듯
이 다윈은 부모 몸의 다양한 부분에 '제뮬'이라는 작은 입자가 있고
부모에게서 나온 이 제뮬들이 생식세포로 모여 서로 혼합된다고 했
습니다. 부모의 형질들이 제뮬의 형태로 자녀의 몸 안에서 함께 섞
여 자녀의 생김새를 결정하게 된다는 것이지요. 즉, 자녀의 눈은 엄
마의 눈에 있는 제뮬과 아빠의 눈에 있는 제뮬이 섞여 결정되고, 자
녀의 혈액형은 부모 혈액 속의 제뮬에 의해 결정된다고 보았죠. 제
뮬은 히포크라테스가 주장한 '미립자'와 비슷한 것이지요. 다윈은 생

명의 씨앗인 제뮬은 환경에 따라 변하며, 몸에 머물러 있다가 혈액을 통해 생식세포로 이동해 자녀에게 전해진다고 설명했습니다. 특히 부모 대에서 새로 생긴 형질 즉, 획득형질(예: 투수인 아빠의 발달한 어깨, 골프 선수인 엄마의 검게 탄 피부)도 제뮬에 반영되어 유전된다고 생각했습니다. 획득형질이 유전된다는 라마르크의 용불용설과 같은 시각이지요. 다윈의 자연선택설은 과학적이고, 라마르크의 용불용설은 비과학적인 설명으로 비교되지만, 유전에 관해선 다윈도 라마르크와 같은 한계를 보인 것입니다.

하지만 혼합설에 의한 설명은 눈으로 쉽게 관찰되기 때문에 19세기 중반까지 유전의 원리로 널리 받아들여졌습니다.

멘델은 혼합설을
어떻게 뒤집었을까

이런 혼합설을 뒤집은 사람이 19세기 오스트
리아 식물학자 그레고어 멘델Gregor Mendel입니다. 멘델은 유전 정보
는 입자로 되어 있어서 각각 제 특성을 잃지 않는다는 것을 증명했
습니다.

저는 고등학교 때까지 제 혈액형이 B형인 줄 알았어요. 잡지에서
혈액형에 관한 글이 나오면 B형을 찾아보고는 맞장구를 쳤다 갸웃
했다 그랬습니다. 그러다 대학교 2학년 때 우연히 B형이 아니라 A형
이란 사실을 알게 되었어요. 어이없지만, 그때에야 부모님 혈액형도
알았지 뭡니까. 엄마 A형, 아빠는 O형이었으니 B형은 나올 수 없었
던 겁니다! 생활기록부를 잘못 보았던 것 같은데 그걸 내내 믿어 왔
던 거지요.

그런데 문득 궁금했습니다. 왜 여러 혈액형 중 A형이 되었을까?

엄마의 A형은 나에게 어떻게 전해졌을까? 아빠의 O형 유전자는 나에게 없는 걸까? 있다면 왜 드러나지 않았을까? 질문이 꼬리를 이었습니다. 이런 저의 질문을 풀어 준 사람 역시 멘델입니다. 혈액형이 어떻게 '유전'되는지 밝혀 주었으니까요.

멘델의 실험

오스트리아에서 태어난 멘델은 어린 시절 농사와 원예 일을 하면서 자연과 친해집니다. 그는 가정 형편이 어려워 대학 대신 20대에 수도원에 들어갑니다. 하지만 배움에 대한 갈증이 커서 수도사가 된 이후에도 빈대학에서 3년 동안 물리학, 동물학, 식물학, 수학 수업을 듣습니다. 자연과학에 관심이 많았지요. 멘델은 수업 시간에 다윈의 진화론을 접하면서, 진화론을 입증할 실험을 계획하는데 첫 실험 대상이 '쥐'였습니다. 그런데 수도원에서 강하게 반대합니다. 수도원에 쥐가 나돌아다니는 걸 원치 않았으니까요.

그러다 서른세 살이던 1854년에 수도원 정원 한쪽에서 운명적인 실험을 시작합니다. 바로 완두 교배 실험입니다. 처음엔 동물로 실험을 했다가 완두로 바꾼 이유는 뭘까요? 1866년 멘델은 논문 〈식물의 잡종에 관한 실험〉에서 다음과 같이 밝힙니다.

식물은 동물보다 실험 데이터를 얻기 쉽다. 교배가 쉽고 한 세대가 짧으며 자손의 수가 많다. 식물 중에서도 완두는 꽃의 구조상 자가수분이 쉬워서 순수 계통(순종) 상태를 보존하기 쉽다. 또한, 씨의 색이나 모양, 꽃의 위치 등이 쉽게 구별되는 뚜렷한 특징을 가지고 있다.

멘델은 8년에 걸쳐 200회가 넘는 교배 실험을 했습니다. 그 결과 2만 종이 넘는 완두를 수확하고 수학적으로 분석했지요.

우성, 열성

19세기 당시의 혼합설에 따르면, 둥근 콩과 주름진 콩을 교배해서 태어난 자손 1대는 반쯤 주름진 콩이어야 합니다. 멘델은 어떤 모양의 콩이 나오는지 확인하기 위해 실험을 했습니다. 정확한 실험을 위해 대대로 둥근 콩만 달리는 완두와 대대로 주름진 콩만 달리는 완두를 실험에 이용했습니다. 이런 식물을 순종이라고 합니다. 순종인 둥근 완두와 순종인 주름진 완두를 심어 꽃이 필 때까지 재배합니다. 꽃이 피면 둥근 완두의 암술에 주름진 완두의 꽃가루를 묻혀 주었습니다. 콩이 달리면 그 꼬투리 안의 씨앗 생김새를 관찰하고 수를 세었습니다. 자손 1대의 완두는 모두 둥근 모양이었어요. 이것은 부모의 형질이 자식에게 전해질 때 혼합되지 않는다는 증거이지요.

만약 멘델이 분꽃으로 실험을 했다면 혼합설이 맞다고 생각했을 것입니다. 분꽃의 경우 붉은색과 흰색을 교배하면 분홍색 꽃이 나오니까요. 멘델은 완두의 씨앗 모양 외에도 나머지 6가지 형질(씨의 색깔, 꽃의 색깔, 콩깍지 모양, 콩깍지 색깔, 꽃의 위치, 줄기의 키)에 대해서도 알아보기 위해 같은 교배 실험을 했어요. 그 결과 모두

멘델

부모 중 한쪽의 형질만 나타났습니다. 자식이 부모의 형질을 반반씩 섞어서 닮는 게 아니라 어느 한 형질만 표현된다는 것입니다.

멘델은 이를 '우열 관계'로 설명했습니다. 부모의 형질 중 자손 1대에서 표현되는 형질(둥근 모양, 황색 등)을 우성형질, 표현되지 않는 형질(주름진 모양, 녹색 등)을 열성형질이라고 했습니다. 멘델이 한 얘기는 아니지만, 우열 관계를 혈액형에 적용해 보면 혈액형 A 유전자와 O 유전자가 만나면 A만 표현됩니다. A는 우성 유전자, O는 열성 유전자인 거지요.

왜 어떤 형질은
드러나고,
어떤 형질은
숨는 것일까

자손 1대에서 둥근 완두(이는 잡종이라 잡종 1대
라고 했습니다)가 나왔으니 주름진 콩의 유전 정보는 사라진 것일까
요? 멘델은 이 질문을 놓지 않았습니다. 이번엔 잡종 1대의 둥근 완
두끼리 교배를 했습니다. 다음 세대에서 어떤 것들이 나오는지 확인
하려는 거지요. 그런데 잡종 2대에서는 잡종 1대에서 나타나지 않았
던 주름진 형질이 나타난 것입니다. 주름진 형질이 사라진 것이 아니
었죠.

멘델은 다른 6가지 형질에 대해서도 같은 결과를 얻었습니다. 다
른 열성 유전 정보도 사라지지 않았던 것이지요.

분리의 법칙

멘델은 긴 연구 과정을 거쳐 잡종 1대에서는 우성형질만 나타나고, 잡종 2대에서는 우성형질과 열성형질의 비율이 약 3:1로 나타난다는 사실을 발견합니다. 완두의 7가지 형질 모두에서 우성형질과 열성형질의 비율이 약 3:1로 나타난 것입니다.

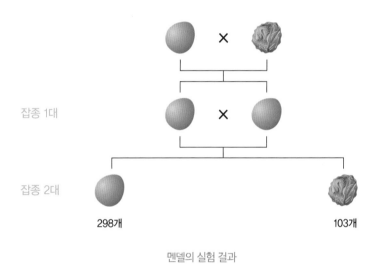

멘델의 실험 결과

멘델은 이런 결과를 설명하기 위해 다음과 같은 가설을 세웁니다.

한 형질(예를 들어, 완두의 둥근 모양)을 결정하는 유전인자는 쌍으로 존재하고, 그 쌍을 이루는 유전인자는 부모로부터 하나씩 물려받은 것이다.

그 유전인자는 부모에서 자손으로 전달되며, 그 과정에서 성질은 변하지 않는다(입자).

각 쌍의 유전인자는 생식세포가 만들어질 때 분리되어 생식세포에 들어간다(분리).

쌍을 이룬 유전인자가 서로 다른 경우 하나의 유전인자는 겉으로 표현되지만 다른 유전인자는 표현되지 못한다(우열 관계).

멘델이 생각한 유전인자는 혼합되지 않는 성격을 갖습니다. 멘델이 살았던 시대에는 생식세포나 염색체, 유전자의 개념이 정확하게

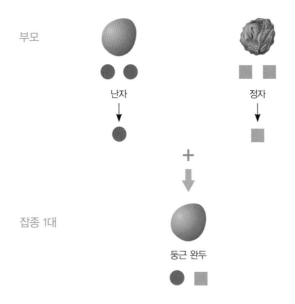

멘델의 가설. ●, ■는 유전인자를 나타낸다.

정립돼 있지 않았는데도 멘델이 이런 가설을 세웠다는 것이 놀라울 뿐입니다. 멘델은 둥근 모양의 유전인자를 A, 주름진 유전인자를 a 와 같이 알파벳으로 표시해서 자신이 세운 가설을 설명합니다(멘델 은 순종은 A, a로, 잡종은 Aa로 표기했는데 이후 영국의 생물학자 윌리엄 베이 트슨William Bateson이 AA, aa, Aa로 수정했습니다).

결과를 보면 잡종 2대에서 둥근 콩과 주름진 콩의 비율이 가설대

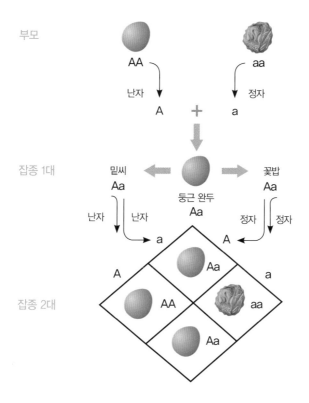

부모

AA   aa

난자   정자

A   +   a

잡종 1대   밑씨   꽃밥

Aa   Aa

둥근 완두

난자   난자   Aa   정자   정자

a   A

A   Aa   a

잡종 2대   AA   aa

Aa

멘델의 분리의 법칙. 부계와 모계에서 온 Aa가 각각 A와 a로 분리되어 생식세포로 들어간다.

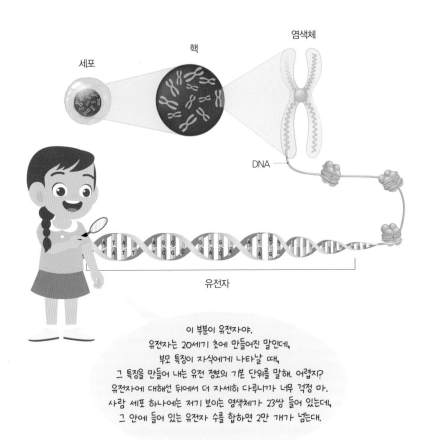

세포

핵

염색체

DNA

유전자

이 부분이 유전자야.
유전자는 20세기 초에 만들어진 말인데,
부모 특징이 자식에게 나타날 때,
그 특징을 만들어 내는 유전 정보의 기본 단위를 말해. 어렵지?
유전자에 대해선 뒤에서 더 자세히 다루니까 너무 걱정 마.
사람 세포 하나에는 저기 보이는 염색체가 23쌍 들어 있는데,
그 안에 들어 있는 유전자 수를 합하면 2만 개가 넘는대.

로 3:1임을 알 수 있지요. Aa가 각각 A나 a로 분리되어 생식세포로
들어간다는 가설이 입증된 셈이죠. 이 내용이 '분리의 법칙'입니다.
분리의 법칙은 형질을 결정하는 한 쌍의 유전인자가 생식세포를 형
성하는 과정에서 하나씩 분리된다는 것입니다. 그 결과 자손에서 우
성과 열성의 비가 3:1로 나오게 됩니다. 간혹, 분리의 법칙을 우성과

열성이 3:1로 분리되는 것으로만 기억하는 경우가 있어요. 단순히 그렇게 외울 것이 아니라 분리의 법칙에서 방점을 찍어야 할 부분은 한 쌍이던 유전인자가 생식세포를 만들 때 하나씩 분리되어 들어간 다는 것입니다.

혈액형과
쌍까풀은
같이 유전될까

멘델의 다음 질문은 '두 개의 다른 형질이 유전될 때 서로에게 영향을 끼칠까'였습니다. 이 질문은 이를테면 '혈액형과 쌍까풀이 함께 유전될까, 각자 따로 유전될까?' 같은 것입니다. 실제로 혈액형과 쌍까풀 유전은 서로 관련이 없습니다. 혈액형이 A면 쌍까풀이 있고, O는 쌍까풀이 없고 그렇지는 않지요.

멘델은 궁금증을 풀기 위해 실험을 이어 갑니다. 순종의 둥글고 황색인 완두와 순종의 주름지고 녹색인 완두를 교배한 것이지요. 잡종 1대의 결과는 모두 둥글고 황색인 완두였습니다. 멘델은 잡종 1대끼리 교배해 모양과 색깔에 서로 영향을 주는지 알아보았어요. 두 형질의 유전인자가 함께 행동한다면 잡종 2대에서는 부모와 같은 둥글고 황색인 완두와 주름지고 녹색인 완두만 나타나야 합니다. 그런데 둥글고 황색인 완두 : 둥글고 녹색인 완두 : 주름지고 황색인

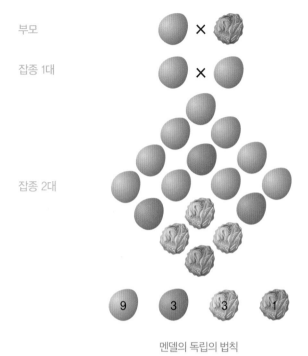

부모

잡종 1대

잡종 2대

9   3   3   1

멘델의 독립의 법칙

완두:주름지고 녹색인 완두의 비율이 9:3:3:1로 나타난 것입니다.

이 결과는 무엇을 의미할까요? 두 유전인자가 함께 행동할까 아니면 독립적으로 행동할까를 묻는 것인데요. 만약 함께 행동했다면 부모와 같은 둥글고 황색인 완두:주름지고 녹색인 완두가 3:1의 비율로 나와야 합니다. 하지만 결과는 달랐습니다. 부모와 다른 둥글고 녹색인 완두, 주름지고 황색인 완두가 나타났습니다. 이것은 두 유전인자가 서로 영향을 주지 않고 독립적으로 행동한다는 걸 말해 줍니다. 이것이 '독립의 법칙'이지요. 또한 잡종 2대에서 두 형질의 우성과 열성의 비율이 12:4 즉, 3:1로 나타나 두 형질의 유전에서도 분리의 법칙을 따른다는 사실을 알 수 있습니다.

이런 멘델의 실험 결과 덕분에 지금 우리는 혈액형과 쌍까풀 유전이 별개라고 당연시하게 된 것입니다. (물론 두 유전자가 같은 염색체상에서 가까이 있었다면 함께 행동했을 겁니다. 이 경우는 뒤에서 다시 다룹니다.)

멘델을 세상에 드러낸 사람들

멘델의 연구 성과는 바로 빛을 보지 못합니다. 여러 이유가 있었어요. 일단 멘델은 수도사로 아마추어 과학자였습니다. 그리고 당시 멘델이 취했던 수학적 통계 처리 방식은 낯설었어요. 진화론에 비하면 유전학이 인기가 없던 시대였고요.

그러다 35년 만에 빛을 보게 되지요. 세 식물학자 덕분입니다. 앞에서 소개한, 돌연변이설을 제시한 더프리스, 독일 식물학자 카를 코렌스Karl Correns, 오스트리아 식물학자 에리히 체르마크Erich Tschermak가 그들입니다.

더프리스는 패랭이꽃, 양귀비를 가지고 실험을 해서 멘델의 실험과 동일한 3:1의 결과를 얻습니다. 더프리스는 멘델의 논문 〈식물의 잡종에 관한 실험〉을 접하고 실험을 했습니다. 그래서 이 연구 결과를 토대로 논문을 발표할 때 자신을 '멘델주의자'라 칭할 뿐 아니라 자신의 실험이 멘델의 실험 결과를 바탕으로 한 것임을 각주에 넣어 밝히죠. 코렌스는 옥수수와 완두로 교배 실험을 해서 멘델의 분리의 법칙과 동일한 결과를 얻습니다. 체르마크도 완두 재배 실험을 통해 멘델의 유전 법칙을 재확인했지요.

멘델의 유전 법칙이 다시 조명을 받자 영국의 생물학자 윌리엄 베이트슨은 《멘델의 유전 원리》라는 책을 펴내 멘델의 유전 법칙을 널리 알립니다. 앞서 설명한 '분리의 법칙', '독립의 법칙'이라는 용어도 처음 쓰지요. 대립형질, 표현형, 유전자형 등의 유전 개념과 유전학이라는 말도 만듭니다.

멘델은 논문 〈식물의 잡종에 관한 실험〉에서 자손 2대의 유전자형을 순종은 A나 a로, 잡종은 Aa로 표시했습니다. 베이트슨은 멘델의 연구를 소개하면서 A, a를 AA, aa로 바꿉니다. 이를 통해 형질을 결정하는 유전인자가 쌍으로 존재하고, 생식세포 형성 과정에서 이들이 분리된다는 내용을 잘 이해하도록 도왔습니다.

(왼쪽부터) 더프리스, 코렌스, 체르마크

유전에서 생식세포는 왜 중요할까

멘델의 '분리의 법칙'은 형질을 결정하는 한 쌍의 유전인자가 하나씩 분리되어 생식세포로 들어간다는 것이 주요 내용이었죠. 이를테면 Aa였다면, A 혹은 a 형태로 하나씩 생식세포로 분리돼 들어간다는 말입니다.

멘델 이후의 과학자들은 유전될 때 생식세포가 중요한 역할을 한다는 사실을 밝혀냅니다. 19세기 스위스 동물학자 알베르트 쾰리커Albert Kölliker는 수컷의 생식 기관인 정소에 있는 세포가 성숙해 정자가 되는 것을 관찰합니다. 혈액이나

생식세포로 유전된다는
사실을 밝혀낸 바이스만

눈 속의 물질(미립자나 제뮬)이 정자 속으로 들어가는 것이 아니라는 것이죠. 정소에서 만들어지는 정자라는 특수한 세포에 의해서만 아빠가 가진 유전 정보가 자식에게 전달된다는 사실을 확인합니다.

또 19세기 독일의 진화생물학자 아우구스트 바이스만August Weismann 도 쥐꼬리 실험을 통해 생식세포를 통해서만 유전 정보가 전달된다는 사실을 증명합니다. 그는 수백 마리의 쥐꼬리를 약 20세대에 걸쳐 자르고 잘랐습니다. 그런데 매번 자식 세대에서는 꼬리를 가진 쥐가 태어났습니다.

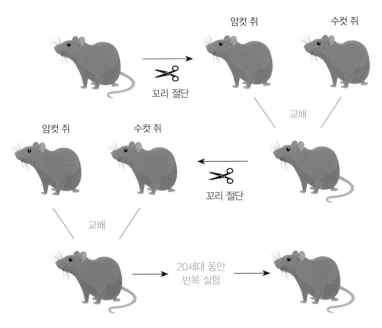

바이스만의 쥐꼬리 절단 실험. 꼬리가 잘린 부모에게서 꼬리 있는 쥐가 계속 태어났다.

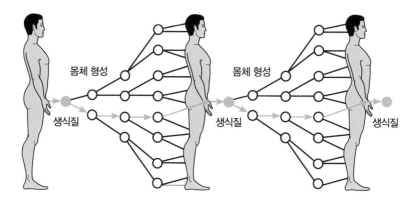

바이스만은 생식질이란 것이 유전물질임을 알아냈다. 생식질은 훗날 염색체로 밝혀진다.
(출처: *Advances in Genetics*, Vol. 101, 2018)

꼬리가 잘린 부모로부터 꼬리를 가진 쥐가 태어났다는 건 무엇을 의미할까요? 부모의 몸에 흩어져 있던 제뮬이나 미립자가 생식세포로 들어가지 않는다는 것이죠. 이 실험은 획득형질(잘린 쥐꼬리)이 유전된다는 주장과 몸에 흩어져 있던 물질이 모여 자식을 결정한다는 주장 모두 잘못되었음을 입증해 주었습니다.

1889년 바이스만은 유전에 관여하는 중요한 물질인 생식질(생식에 관여하는 물질이라는 의미로 이 용어를 썼습니다)이 생식세포를 통해 자식에게 전해진다고 설명했습니다.

나는 배아의 일부 물질인 생식질이 난자가 개체로 발생하는 과정에서 변하지 않고 그대로 있는 것을 보면서, 이 생식질에서 새로운 생식세포가 만들어지는 것이 유전의 근거라고 본다. 그러므로 생식질은 한 세대에서 다음 세대로 내려가는 영속성을 지닌다.

— 매트 리들리,《붉은 여왕》에서

이런 추론을 '생식질설' 혹은 '생식질 연속설'이라고 합니다. 생식
세포에 들어 있는 것, 생식세포에 영향을 준 것만 자식에게 전달된다
는 것이 주 내용입니다. 이 주장은 라마르크의 획득형질(체세포 변화
에 의한) 유전을 부정한 것이고요.

염색체는
유전에서 왜
중요할까

바이스만 이후에는 다들 부모의 유전 정보가 생식세포를 통해 자식에게 전해진다고 받아들입니다. 그리고 정자와 난자를 만드는 생식세포가 어떻게 만들어지고 수정을 하는지에 대해서도 관심을 기울이죠. 20세기 전후 현미경이 더 발달하면서 과학자들은 이 과정을 자세히 관찰할 수 있게 됩니다.

19세기 미국의 유전학자 월터 서턴Walter Sutton은 생식세포가 만들어지는 과정에서 염색체의 행동을 관찰했는데, 염색체의 행동이 멘델이 말한 유전인자의 행동과 일치한다는 점에 주목합니다.

서턴은 이를 바탕으로 1903년에 염색체설을 주장합니다. 유전인자는 염색체에 들어 있고, 염색체를 통해 자식에게 전달된다는 것입니다. 마침내 1909년 덴마크 식물학자 빌헬름 요한센Wilhelm Johannsen은 멘델의 유전인자를 우리가 지금 쓰고 있는 '유전자'로 부릅니다.

한 형질을 결정하는 유전인자는
쌍으로 존재해.
그리고 각 쌍의 유전인자는
생식세포가 만들어질 때 분리돼서
생식세포에 들어가고,
수정될 때 다시 쌍을 이루지.

상동염색체는 쌍으로 존재해.
상동염색체는 생식세포가 만들어질 때
분리돼서 생식세포로 들어가고,
수정될 때 다시 쌍을 이루지.

멘델

서턴

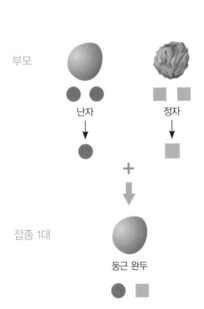

부모

난자   정자

잡종 1대

둥근 완두

멘델의 유전 원리

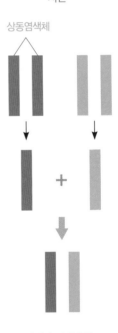

상동염색체

서턴의 염색체설

염색체가 왜 염색체냐면,
염색이 잘돼서 염색체라 부르게 됐대.
아래 그림을 보면 번호마다
1번처럼 크기와 모양이 같은 염색체가 쌍으로 들어 있지?
그래서 이 둘을 상동염색체라고 해.
그런데 옆쪽 그림에서는 염색체 하나가 막대기 하나로
표현돼 있는데 아래에서는 막대기가 2개 아니냐고?
나중에 세포 분열을 하려고 하나를 복제해 둔 것일 뿐,
옆의 막대기 하나와 같아.

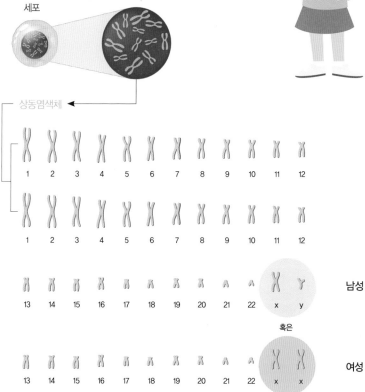

세포 핵

상동염색체

| 1 | 2 | 3 | 4 | 5 | 6 | 7 | 8 | 9 | 10 | 11 | 12 |

| 1 | 2 | 3 | 4 | 5 | 6 | 7 | 8 | 9 | 10 | 11 | 12 |

| 13 | 14 | 15 | 16 | 17 | 18 | 19 | 20 | 21 | 22 | x | y |

남성

혹은

| 13 | 14 | 15 | 16 | 17 | 18 | 19 | 20 | 21 | 22 | x | x |

여성

23

어떻게 유전자가 염색체에 들어 있다는 것을 알아냈을까

19세기 미국의 유전학자 모건은 다윈의 자연선택에 의한 진화론을 증명하기 위해 초파리로 실험을 합니다. 오랜 기간 어두운 곳에서 산 초파리는 환경에 적응해 눈이 퇴화하리라고 생각한 거죠. 1910년 뜻밖에도 모건은 눈이 흰색인 초파리를 발견합니다. 모건은 이 초파리가 어떻게 출현했는지 확인하기 위해 야생(야생 상태에서 흔히 보이는 형질)의 붉은 눈 초파리와 흰 눈 초파리를 교배하지요.

교배 결과, 잡종 1대에서 태어난 모든 초파리는 붉은 눈을 가지고 있었습니다. 멘델의 유전 원리에 따라 붉은 눈이 우성형질, 흰 눈이 열성형질임을 알 수 있었죠. 모건은 멘델이 한 것처럼 잡종 1대의 붉은 눈 초파리 암수를 교배했습니다. 예상대로 붉은 눈:흰 눈 초파리의 비율이 3:1로 나왔는데 특이한 점이 있었습니다. 흰 눈 초파리가

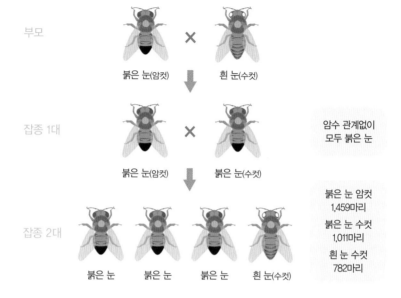

부모		붉은 눈(암컷) × 흰 눈(수컷)
잡종 1대		붉은 눈(암컷) × 붉은 눈(수컷)
잡종 2대		붉은 눈 붉은 눈 붉은 눈 흰 눈(수컷)

암수 관계없이
모두 붉은 눈

붉은 눈 암컷
1,459마리

붉은 눈 수컷
1,011마리

흰 눈 수컷
782마리

모건의 초파리 교배 실험

모두 수컷인 것입니다.

멘델의 실험대로라면 잡종 2대에서 암수 관계없이 우성형질 : 열성형질의 비가 3 : 1로 나와야 합니다. 그런데 왜 수컷에서만 열성형질이 나타났을까요? 처음에 모건은 흰 눈을 결정하는 유전자가 Y염색체에 있을 거라고 생각했습니다.

1905년 미국의 세포생물학자 네티 스티븐스Nettie Stevens는 남성과 여성을 가르는 성염색체를 발견하고, 남자의 성염색체는 XY, 여성의 성염색체는 XX라는 사실을 알아냈어요. 모건이 Y염색체에 주목한 건 이런 연구 결과 덕분이죠.

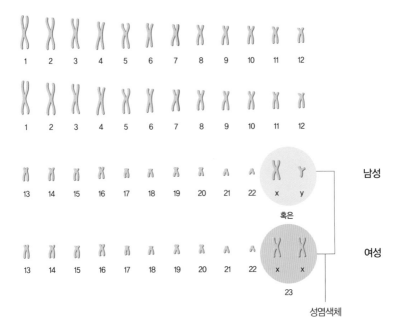

남성

혹은

여성

23

성염색체

하지만 모건의 가설은 흰 눈 암컷 초파리가 다음 세대에서 나타나면서 바로 버려집니다. 암컷은 Y염색체를 가지고 있지 않기 때문이죠. 눈 색깔의 유전은 성과 관련이 있다고 확신한 모건은 이번엔 X염색체에 눈 색을 결정하는 유전자가 있다고 가설을 세웁니다. 붉은 눈 유전자를 X, 흰 눈 유전자를 X'라 한 후 자신의 가설을 교배 결과와 비교합니다.

잡종 1대는 XX', XY로 모두 붉은 눈이고, 잡종 2대는 붉은 눈과 흰 눈의 비율이 3:1였는데, 흰 눈은 X'Y로 모두 수컷이었습니다. 가설이 맞았던 것이지요. 모건은 추가 실험을 통해 X염색체에 성별을

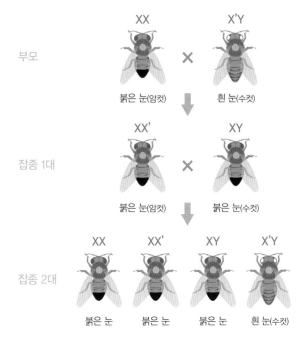

부모

XX　　　　　　X'Y

붉은 눈(암컷)　　　흰 눈(수컷)

잡종 1대

XX'　　　　　　XY

붉은 눈(암컷)　　　붉은 눈(수컷)

잡종 2대

XX　　XX'　　XY　　X'Y

붉은 눈　붉은 눈　붉은 눈　흰 눈(수컷)

모건의 초파리 눈 색 유전 가설

가르는 유전자 외에 다른 유전자들도 있음을 밝혀냈어요. 그리고 유전자가 염색체에 마치 목걸이의 구슬처럼 배열되어 있다고 설명합니다.

아직도 귓가에서
초파리가 왱왱거리는
것 같구만~

모건

'Y염색체'를 발견한 네티 스티븐스

Y염색체를 처음 발견한 과학자가 네티 스티븐스(Nettie Stevens, 1861 ~1912년)입니다. 1900년에 멘델의 유전학 논문이 재조명된 직후에 그녀는 딱정벌레목의 곤충인 거저리 수컷에서 두 종류의 정자가 만들어지는 것을 관찰합니다. 큰 염색체를 가진 정자와 작은 염색체를 가진 정자였어요. X, Y염색체는 현미경으로 보면 실제로 크기가 많이 달라요. X염색체가 훨씬 더 크죠. 그래서 지금 우리가 알고 있는 X, Y염색체를 스티븐스는 크고 작다는 크기로 표현한 것입니다. 스티븐스는 큰 염색체(X염색체)를 가진 정자가 난자와 만나느냐, 작은 염색체(Y염색체)를 가진 정자가 난자와 만나느냐에 따라 성별이 달라진다는 사실을 밝혀냅니다.

X염색체는 Y염색체보다 앞서 1890년 독일의 생물학자 헤르만 헨킹 Hermann Henking이 발견했어요. 그는 땅별노린재의 정소에서 추출한 염색체를 현미경으로 관찰하다가 다른 염색체와 행동이 다른 염색체를 관찰하고 extra 즉 '여분의'라는 의미를 붙여 'X염색체'라고 불렀어요.

스티븐스는 자신이 발견한 '작은' 염색체 이름을 X의 다음 자인 Y를 붙여 'Y염색체'라고 명명합니다. 스티븐스가 Y염색체를 발견한 당시에는 남성이 여성보다 신체, 지능 등 모든 면에서 우월하다는 사고가 지배적이었어요. 다윈도 이런 인식이 뿌리내리는 데 한몫했습니다. 1871년 출간한 《인간의 유래와 성선택》에

연구 중인 스티븐스

서 성공한 작가와 예술가, 과학자 중에 남성이 많다면서 그것이 남성이 여성보다 우월한 증거라고 합니다. 남성은 "무슨 일을 하든지, 그 일이 심오한 사유나 상상력을 요하든지, 단순 감각과 수작업을 필요로 하든지 결국 여자가 이를 수 없는 지점에 도달"한다면서요. 수컷이 암컷보다 우월한 것은 경쟁자들을 물리치고 암컷에게 선택받기 위해 부단히 노력한 진화의 결과라고도 합니다.

이러한 분위기에서 1905년 스티븐스가 남성, 여성의 차이는 아주 작은 Y염색체가 발현되느냐, 아니냐에 있다고 밝힌 것입니다. 스티븐스의 발표 이후 남녀는 태어날 때부터 다르다는 다윈의 주장은 마침표를 찍게 됩니다. 생존과 관련된 유전 정보를 다수(유전자 약 900개) 가지고 있는 X염색체와 달리, Y염색체는 X염색체에서 퇴화한

어룡 화석을 처음 발견한 메리 애닝. 왼손에 화석을 캘 때 쓰는 픽 망치를 쥐고 있고, 그 옆엔 그녀와 늘 함께한 반려견 트레이가 누워 있다.

형태로 성별만을 결정(유전자 수 약 80개)한다는 사실이 규명됐기 때문이지요.

모건이 스티븐스에게 실험 내용을 자세히 알려 달라고 편지를 보낼 정도로 그녀의 연구 성과는 주목받을 만했지만, 현실은 그렇지 못했습니다. 스티븐스 업적이 모건의 연구로 잘못 알려질 정도로 제대로 평가받지 못했지요. 스티븐스는 가정 형편이 어려워 대학에 늦게 들어가 40대의 늦은 나이에 연구를 시작한 데다 무엇보다 여성 연구자였기 때문입니다. 그녀는 고대하던 연구교수가 되기 직전인 1912년 5월 유방암으로 세상을 떠납니다. 쉰한 살이었습니다.

스티븐스 이외에도 여성이란 이유로 제대로 평가받지 못한 과학자는 더 있습니다. 뒤에서도 나올, DNA 이중나선 구조를 밝히는 데 결정적인 기여를 한 로절린드 프랭클린Rosalind Franklin, 어룡 화석을 처음 발견해서 고생물학의 기초를 다진 메리 애닝Mary Anning이 대표적이지요.

염색체 안에서 유전자들은 어떻게 배치돼 있을까

모건의 연구진인 앨프리드 스터티번트Alfred Sturtevant는 1913년 모건이 설명한 염색체상의 여러 유전자의 배치를 유전자지도로 작성했습니다. 유전자지도는 염색체상에서 유전자의 위치와 유전자 간의 거리를 나타낸 지도입니다. 스터티번트는 초파리의 X염색체에 있는 유전자를 다음 쪽 그림과 같이 나타냈어요.

스터티번트는 하나의 염색체에서 두 유전자가 멀리 떨어져 있을수록 이들이 생식세포를 형성할 때 교차할 가능성이 더 커진다는 개념을 이용했습니다. 다음의 유전자지도에서 더듬이 유전자(A/a)는 생식세포 형성 과정에서 날개(B/b) 유전자와 함께 행동할 확률이 높고, 눈 유전자(C/c)와는 교차할 확률이 높다는 것이지요. 유전자 교차란 부계와 모계 상동염색체 사이에서 유전자가 교환되는 것을 말합니다. 교차 결과 부계 염색체의 일부에는 모계 유전자가, 모계 염

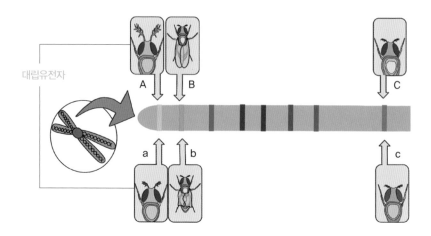

대립유전자

초파리의 X염색체 유전자지도. (그림 왼쪽에서부터) 긴 더듬이(A)/짧은 더듬이(a), 긴 날개 (B)/뭉뚝한 날개(b), 붉은색 눈(C)/갈색 눈(c)의 유전자 위치가 표시되어 있다.

색체의 일부에는 부계 유전자가 자리하게 되지요. 교차는 감수분열 과정에서 자주 일어나는 현상입니다.

교차가 일어나면 부모가 갖지 않는 조합(예를 들어, ABc나 abC)을 가지게 됩니다. 자녀가 부모와 다른 유전자 조합을 가지게 되는 이

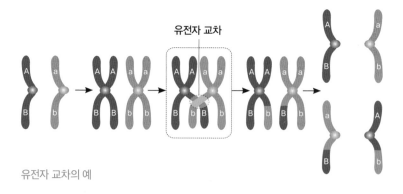

유전자 교차

유전자 교차의 예

유 중 하나이지요. 스터티번트는 이러한 교차에 의한 재조합 빈도를 사용해서 유전자 사이의 상대적 거리를 지도로 작성했습니다.

재조합 빈도란 교차에 의해 부모와 다른 염색체가 생기는 비율을 뜻합니다. 유전자 사이의 거리가 멀수록 교차율도 높고 재조합 빈도도 높겠지요. 부모와 다른 형질이 나오는 비율이 높으면 두 유전자 사이의 거리가 멀리 떨어져 있다고 계산합니다. 예를 들어 옆쪽의 유전자 지도에 의하면 부모와 다른 재조합 형질인 긴 더듬이(A)를 가지고 갈색 눈(c)을 가진 초파리가 나올 빈도가 긴 더듬이(A)를 가지고 뭉뚝한 날개(b)를 가진 초파리가 나올 빈도보다 훨씬 높겠지요. 더듬이 유전자와 눈 유전자가 훨씬 멀리 떨어져 있기 때문입니다.

스터티번트는 재조합 빈도 0.01(재조합 확률 1퍼센트)을 1지도단위로 정하고, 그 단위를 초파리 연구실 설립자인 모건의 이름을 따서 1센티모건centiMorgan, cM이라고 했어요.

앞서 우리는 멘델의 둥글고 황색인 완두와 주름지고 녹색인 완두

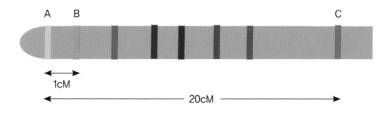

A, B 유전자 간의 재조합 빈도가 0.01, A, C 유전자 간의 재조합 빈도가 0.2라면, 유전자 지도에서 A, B 유전자 간의 거리는 1cM, A, C 유전자 간의 거리는 20cM으로 나타낼 수 있다.

의 교배 실험에서 완두의 모양과 색이 독립적으로 유전된다는 사실을 알았죠. 만약, 멘델이 실험에 이용한 두 유전자가 앞 그림의 유전자 A, B처럼 같은 염색체의 가까운 위치에 있었으면 결과가 어땠을까요? 모양과 색깔이 함께 행동해서 독립의 법칙은 성립되지 않았을 것입니다. 운이 좋게도 멘델이 관찰했던 7개의 대립형질 유전자는 모두 서로 다른 염색체 위에 놓여 있었습니다.

1926년에 모건은 자신의 실험과 제자들의 연구를 바탕으로 유전자설을 발표합니다.

유전자는 염색체 위의 일정한 위치에 있으며,
대립유전자는 상동염색체에서 동일한 위치에 존재한다.

대립유전자는 염색체 위의 같은 유전자 자리에 있으면서 특정 형질을 나타내는 한 쌍의 유전자를 말합니다. 보통 우성과 열성 관계에 있습니다. 앞의 초파리 X염색체 유전자지도에선 A와 a, B와 b, C와 c가 서로 대립유전자예요. 대립유전자가 1쌍보다 많은 경우도 있습니다. 바로 ABO식 혈액형 유전자입니다. 이 경우 대립유전자가 A, B, O 3개입니다.

서턴이 유전자가 염색체에 존재한다는 사실을 알아냈다면, 모건은 여기서 더 나아가 유전자의 상대적 위치까지 가늠해 본 거지요.

내 혈액형을 결정한 유전자는 어디에 있을까

생명체는 모두 세포를 가지고 있고 세포 안에는 염색체가 있어요. 모건은 이 염색체에 초파리의 형질을 결정하는 유전자가 들어 있다는 걸 확인했지요. 사람의 형질을 결정하는 유전자도 사람의 세포 속에 있는 23쌍의 염색체에 들어 있어요.

사람의 23쌍 염색체 중에서 혈액형을 결정하는 유전자는 9번 염색체에 있습니다. A형과 O형의 부모로부터 A형인 내가 태어난 과정을 멘델의 분리 법칙과 모건의 유전자설로 나타내 볼까요.

다음 그림을 보면 엄마에게 받은 A 유전자와 아빠에게 받은 O 유전자가 9번 염색체의 같은 위치에 있다는 것을 알 수 있습니다. 대립유전자는 염색체상에서 동일한 위치에 있다는 것이 모건이 제시한 유전자설입니다.

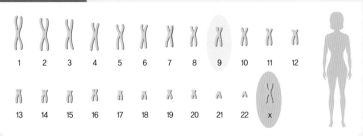

엄마의 난자 염색체

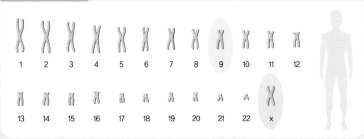

아빠의 정자 염색체

사람의 생식세포 염색체

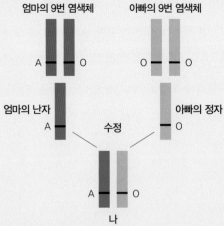

혈액형 유전으로 보는 모건의 유전자설

왜 언니와 나는 닮았고 다를까

언니나 오빠, 동생이 있나요? 닮은 것 같긴 한데, 나와 완전히 같진 않습니다. 이상하지 않나요? 부모님이 같은데 왜 다르게 생긴 걸까요? 그 이유는 생식세포가 만들어지고 수정되는 과정에서 다양한 유전자 조합이 일어나기 때문이에요.

생식세포는 생식에 관계하는 세포로, 남성의 생식세포는 정자, 여성의 생식세포는 난자라고 해요. 정자와 난자에는 염색체가 23개 들어 있어요. 앞에서 세포 하나에 염색체가 46개씩 들어 있다고 했는데 왜 23개일까요? 체세포는 분열을 거치면서 생식세포를 만드는데 그 과정에서 염색체 수가 반으로 줄어들기 때문입니다. 그래서 생식세포 만드는 과정을 '숫자가 줄어든다'는 의미를 붙여 '감수'분열이라고 해요. 왜 감수분열을 해야 할까요? 정자와 난자가 23개씩 갖고 있어야 수정되었을 때 부모와 동일한 46개의 염색체로 완성될 수 있기 때문입니다.

감수분열 결과 생식세포에서는 세포가 원래 가지고 있던 46개의 염색체가 절반으로 줄어든 23개의 염색체를 가지게 됩니다. 난자는 22개의 상염색체와 1개의 X염색체를 갖고, 정자는 22개의 상염색체와 성염색체로 X 또는 Y염색체를 가집니다. 상염색체는 성염색체 X, Y를 제외한, 남녀 모두 가지고 있는 22번까지의 염색체를 말합니다. X염색체를 가진 정자와 난자가 수정하면 성염색체의 조합이 XX로 여성이 되고, Y염색체를 가진 정자가 난자와 수정하면 남성(XY)으로 성이 결정됩니다.

다양하게 배치되는 상동염색체

이제 왜 유전자가 다양하게 조합되는지 설명할게요. 이유를 크게 세 가지로 볼 수 있어요. 첫 번째는 상동염색체의 배열 방식에서 찾을 수 있습니다. 이해를 돕기 위해 내가 혈액형이 A인 여성이 된 과정을 추적해 볼게요.

앞에서 말했듯이 혈액형을 결정하는 염색체는 9번이니, 감수분열 과정에서 9번 염색체와 성염색체의 행동을 살펴볼게요. 오른쪽 그림에서 왼쪽은 감수분열로 엄마에게서 난자 4개가 만들어지는 과정, 오른쪽은 아빠에게서 정자 4개가 만들어지는 과정을 나타낸 것입니

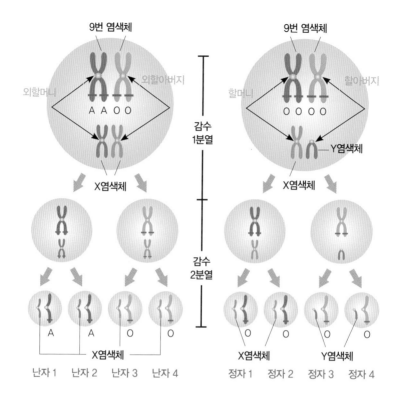

감수분열 과정

다. 나는 A형 여성이니, 어떤 생식세포끼리 수정한 결과인지 짐작할 수 있습니다. 엄마의 난자 1이나 난자 2(A, X)와 아빠의 정자 1이나 정자 2(O, X)와 수정한 결과입니다. 이대로라면 내가 가진 유전자는 외할머니와 할머니의 것뿐입니다.

그런데 감수 1분열에서 염색체의 배열이 아래와 같이 달라질 수도 있어요.

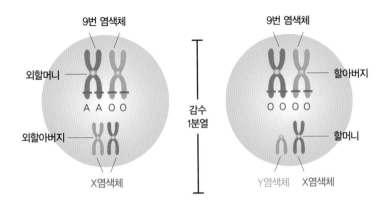

이 경우 나의 혈액형 O 유전자는 할아버지에게서, X염색체는 외할아버지에게서 받았다는 걸 알 수 있습니다. 같은 염색체의 다른 유전자도 마찬가지로 할머니 쪽이 아닌 할아버지 쪽에서 받게 된 것이죠. 이렇게 상동염색체가 어떻게 줄을 서 있느냐에 따라 생식세포에서 유전자 조합이 다양해져요. 위의 사례처럼 9번 염색체 1쌍, 성염색체 1쌍으로 총 2쌍인 경우 가능한 조합은 2^2로 네 가지입니다.

사람의 염색체는 23쌍이니 2^{23}, 약 8백만 개의 조합이 가능합니다. 정자가 만들어질 때도 마찬가지고요. 따라서 정자와 난자가 수정하면, $2^{23} \times 2^{23}$이 되니, 약 6조 4천억 개의 조합이 가능합니다.

교차하고, 우연히 수정하고

유전자가 다양하게 조합되는 두 번째 이유는 교차 때문입니다. 교차는 앞에서 잠깐 설명한 것처럼 상동염색체가 나란히 배열해 있을 때 부계와 모계 염색체 일부가 교환되는 것을 의미합니다. 교차의 결과로 부모와 다른 유전자 조합이 생길 수 있어요. 앞의 그림에서 할머니 쪽 염색체(빨강) 중간에 할아버지 쪽 염색체(파랑) 일부가 들어 있다는 것이죠. 염색체 수가 많을수록, 유전자 수가 많을수록 생식세포의 유전적 다양성은 더 커지겠지요.

유전자가 다양하게 조합되는 세 번째 이유는 수정 과정의 '우연성'입니다. 어떤 정자와 난자가 만나는지에 따라 다양한 조합이 가능하다는 것이죠. 흔히 3억 개의 정자 중 달리기를 가장 잘한 정자가 난자와 수정한다고 하지만, 관찰에 의하면 거의 동시에 수십 개의 정자가 난자에 도착한다고 합니다. 이 중 단 하나의 정자만이 난자와 수정에 성공할 수 있으니, 그 우연성과 무작위성은 어마어마한 것입니다.

이 세 가지 이유를 다 합치면 가능한 조합의 수는 사실상 무한합니다. 우리가 가지고 있는 유전 정보는 이처럼 어마어마한 확률로 우리에게 온 것입니다. 같은 부모에게서 태어난 첫째, 둘째, 셋째가 성별뿐 아니라 생김새, 성격, 혈액형 등이 다 다른 배경이지요.

4장

유전 II

유전 정보는 어떤 물질에 저장되어 있을까

1910년 모건은 유전자가 염색체에 들어 있다고 공식적으로 발표합니다. 과학자들의 다음 관심사는 그럼 유전자의 실체는 무엇인가 하는 것이었습니다. 염색체는 단백질과 DNA로 구성돼 있으니 이 둘 중 하나일 것입니다. 대부분 과학자는 단백질 쪽에 손을 들었습니다. 단백질은 아미노산 20개로 구성돼 있으니 훨씬 더 다양한 조합을 만들어 낼 수 있다고 생각한 것이지요. 4개의 염기로 구성된 DNA는 유전 정보를 저장하기에는 너무 단순해 보였던 것입니다. 이 때문에 20세기 초에는 DNA가 주목받지 못했습니다.

단백질이냐, DNA냐

DNA에 주목한 건 영국의 유전학자이자 의사인 프레더릭 그리피스Frederick Griffith입니다. 20세기 초 폐렴은 치명적인 병이었어요. 그리피스는 폐렴의 원인을 찾으려 했습니다. 폐렴의 원인으로 지목된 폐렴구균은 병을 일으키는 종류와 병을 일으키지 않는 종류가 있었습니다. 병을 일으키는 균은 매끈한 모양smooth이어서 S형 균이라 불렀고, 병을 일으키지 않는 균은 거친 모양rough을 따서 R형 균이라 불렀습니다. S형 균은 보호막 때문에 매끈해 보이고 자신도 보호할 수 있었습니다. 반면 R형 균은 보호막이 없어 거칠어 보이면서 보호도 받을 수 없었지요.

R형 균은 보호막이 없어 쥐에 주입하면 쥐의 면역체계에 바로 제압당했습니다. 반면 S형 균에 감염된 쥐는 폐렴에 걸려 죽었지요. 그런데 S형 균에 열처리한 후 쥐에 주입하면 쥐는 살아남았습니다. 균이 죽었기 때문이지요. 그리피스는 이번엔 열처리한 S형 균과 R형 균을 함께 쥐에 주입하는 실험을 했습니다. 쥐는 어떻게 되었을까요? 죽었습니다. S형 균은 죽었고 살아 있는 건 R형 균뿐이었는데도 그랬습니다.

무슨 일이 일어났을까요? 연구팀은 죽은 쥐에서 S형 균을 추출합니다. 그리피스는 R형 균이 S형 균으로 바뀌었다고 생각합니다. 죽

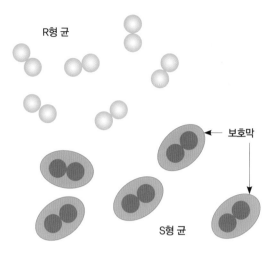

폐렴구균의 두 유형, R형 균과 S형 균. S형 균은 보호막이 있고, R형 균은 없다.

은 S형 균에서 열로는 변하지 않는 어떤 물질이 R형 균을 S형 균으로 바꾸어 놓았다는 것이지요. 그리고 이 물질을 '형질전환 원인물질'이라고 부릅니다. 여기서 형질은 보호막이 되겠지요. '그 어떤 물질'이 R형 균에 보호막이 생기게 해서 S형 균이 되도록 한 것입니다. 1928년 이 실험 결과에 관한 논문을 발표할 당시도 그리피스는 그 물질이 DNA라는 사실을 알지 못했습니다.

DNA는 어떻게
발견되었을까

　그리피스의 논문을 읽은 미국의 생리학자 오즈월드 에이버리Oswald Avery는 1931년 시험관에서 R형 균을 S형 균으로 변환하는 데 성공합니다. 에이버리의 다음 할 일은 '형질전환 원인물질'의 실체를 밝혀내는 것이었죠. 에이버리 연구팀은 형질전환 원인물질은 열처리한 S형 균 안에 있는 열에 강한 어떤 성분이라고 추정했습니다. 1934년 연구팀은 S형 균을 분쇄해서 얻은 추출물에서 탄수화물, 단백질, 지질, DNA, RNA를 분리해 R형 균에 따로따로 투입했습니다. 5가지 물질 중 DNA를 투입한 경우만 R형 균이 S형 균으로 바뀌었어요. 형질전환 원인물질이 DNA임을 보여 준 것이지요.

　DNA가 유전물질이라는 것이 유력해졌지만 당시의 과학자들은 흔쾌히 받아들이지 않았어요. 추출물에 불순물이 섞여 실험 결과를

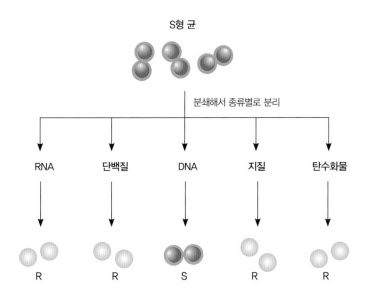

S형 균

분쇄해서 종류별로 분리

RNA 단백질 DNA 지질 탄수화물

R R S R R

신뢰할 수 없다고 반박합니다. 여전히 유전물질은 단백질이라고 믿는 과학자가 많았기 때문이지요.

　1944년 새로운 연구진이 합류하고 분리 기술도 발전합니다. 연구팀은 각 추출물 즉 탄수화물, 단백질, 지질, DNA, RNA를 분해하는 효소를 하나씩 넣어 형질전환 여부를 확인하는 실험을 했습니다. 그 결과 DNA 분해 효소를 넣은 경우에만 형질전환이 일어나지 않았어요. DNA 분해 효소가 DNA를 분해했기 때문이지요. DNA가 파괴되면 형질전환이 일어나지 않는다는 것입니다. S형 균의 DNA가 R형 균으로 들어가 보호막을 만들 수 있는 형질을 갖게 한 것이죠.

그러나 과학자들은 여전히 연구 과정의 문제(분해 효소로 분해되지 않은 물질이 남아 있을 것이다)를 들어 DNA가 유전물질의 실체라는 사실을 인정하지 않습니다. 하지만 이 실험 결과는 어윈 샤가프Erwin Chargaff, 제임스 왓슨James Watson 등 다른 과학자들이 DNA로 관심을 돌리는 데 크게 기여했습니다.

DNA를 유전물질로 확증한 실험

유전물질이 DNA라는 결정적인 증거는 1953년에 박테리오파지를 연구하는 그룹이 잡습니다. 박테리오파지는 박테리아(세균)를 숙주로 삼는 바이러스를 통칭하며, 간단히 파지라고도 합니다. 박테리오파지는 스스로 증식하지 못하고, 살아 있는 세균 안에 자신의 유전물질을 넣어 증식합니다.

미국 콜드 스프링 하버 연구소Cold Spring Harbor Laboratory●의 생물학자 앨프리드 허시Alfred Hershey와 마사 체이스Martha Chase는 박테리오파지를 이루고 있는 단백질과 DNA 중 어느 것이 대장균 안으로 들어가는지 알아보았어요. 대장균 안으로 들어가는 물질이 바이러스 증식에 관여하는 물질, 즉 유전물질이기 때문이지요. 연구 결과 박테리오파지가 대장균에 감염될 때 DNA만 대장균 안으로 들어간다는 사실을 발견했습니다. 단백질은 세균의 표면에 남아 있었죠. DNA

1953년 체이스(왼쪽)와 허시

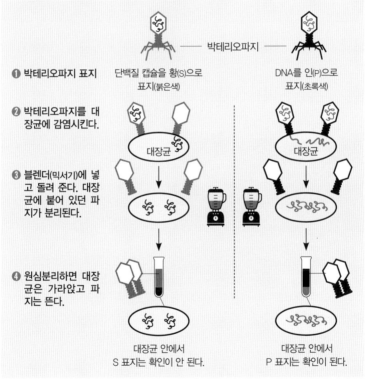

체이스와 허시의 실험

가 유전물질임이 확실해진 것입니다.

이 실험에서는 대장균에 붙은(유전물질이 안으로 들어간 다음 밖에 붙어 있는) 박테리오파지를 떼어 내는 과정이 필수였어요. 그래야 방사성 표지°가 된 물질이 세균 안에 있는지 밖에 있는지 확실히 구분할 수 있으니까요. 주방용 블렌더(믹서기)를 사용해서 세게 돌려 떼어 내자는 아이디어를 제안한 사람이 체이스였습니다. 허시와 체이스의 실험은 블렌더를 사용했다고 해서 '블렌더 실험'이라고도 합니다. '블렌더 실험'은 현대 생명과학 분야에서 가장 유명한 실험으로 꼽힙니다.

🌾 콜드 스프링 하버 연구소

미국 뉴욕주 롱아일랜드에 위치한 세계 최고의 생명과학 연구소. 1908년 유전학 연구를 시작한 이래 8명의 노벨생리의학상 수상자를 배출할 정도로 분자생물학, 유전학 분야에서 세계적으로 앞서 있다. 박테리오파지를 이용해 DNA가 유전물질임을 밝힌 허시와 체이스, DNA 이중나선 구조를 발견한 왓슨, 옥수수의 돌연변이에서 전이성 유전인자를 발견한 바버라 매클린톡Barbara McClintock 등이 이곳 출신이다.

🌾 방사성 표지

생물체 안의 대사 과정에서 특정 원소의 이동을 추적하기 위해 조직 속에 넣어 주는 방사성 동위 원소.

DNA는 무엇으로 이루어져 있을까

유전물질의 실체가 DNA라는 사실이 밝혀진 후 과학자들의 다음 관심사는 DNA의 구조를 알아보는 것이었어요. 도대체 어떻게 생겼길래 생물의 형질을 결정할까요? 어떤 구조이기에 정보를 저장하고, 복제할 수 있을까요?

당, 인산, 염기

사실 DNA는 그 전에 이미 발견되었습니다. 1868년 스위스 생물학자 요하네스 미셔Johannes Miescher가 곪은 상처에서 얻은 백혈구에서요. 미셔는 끈적거리는 물질이 핵nuclear 안에 존재한다고 해서 뉴클레인nuclein, 즉 핵물질이라고 불렀어요. 또한, 뉴클레인이 인을 함

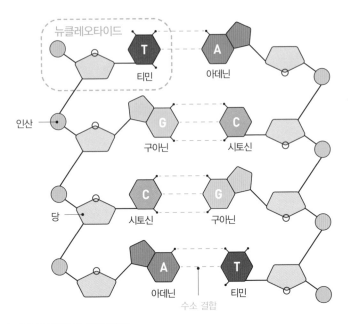

뉴클레오타이드

T
티민

A
아데닌

인산

G
구아닌

C
시토신

당

C
시토신

G
구아닌

A
아데닌

T
티민

수소 결합

뉴클레오타이드와 4종의 염기

유하고 있으며 산성임을 알아냈습니다. 1899년 미셔의 제자인 리하르트 알트만Richard Altmann은 이 물질을 핵 속에 있는 산성 물질이라는 의미로 핵산nucleic acid이라고 불렀습니다. 이어서 1905년 미국의 화학자 피버스 레빈Phoebus Levene은 핵산이 당, 인산, 염기로 구성되어 있다는 사실을 확인합니다. 그는 이 세 기본 요소로 만든 단위체를 뉴클레오타이드nucleotide라고 불렀는데, 핵산은 이 뉴클레오타이드들이 결합된 고분자인 것이지요.

1885년에서 1901년 사이에 독일의 생화학자 알브레히트 코셸Albrecht Kossel은 핵산을 구성하는 것 중 하나인 염기를 5종류로 분

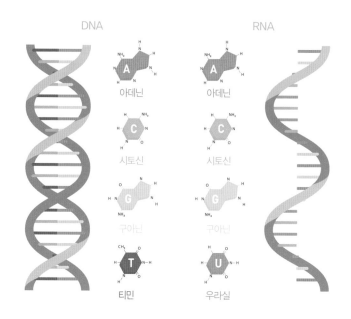

DNA   RNA

아데닌   아데닌

시토신   시토신

구아닌   구아닌

티민   우라실

핵산은 DNA, RNA 2종류인데, DNA를 구성하는 염기는 아데닌·시토신·구아닌·티민 4개이고, RNA 역시 4개로 구성되되 티민 대신 우라실이 들어 있다.

리해 내고 아데닌A, 구아닌G, 시토신C, 티민T, 우라실U이라고 이름을 붙입니다.

DNA의 구성 요소가 당, 인산, 염기라는 사실이 밝혀진 이후에도 DNA가 유전물질이라고 생각하는 사람은 거의 없었습니다.

1950년 당시 에이버리 연구팀의 반복된 실험 결과, DNA가 유전물질의 실체로 유력했지만, 과학계는 여전히 인정하지 않는 분위기였습니다. 그러다 앞서 말했듯이 1953년 허시와 체이스가 박테리오파지를 이용해 유전물질이 DNA임을 마침내 확인시켜 주지요.

DNA 구조는 어떻게 밝혀졌을까

미국의 생물학자 왓슨이 박사 학위를 받은 1950년 당시에는 많은 생물학자와 화학자가 단백질을 생명 현상의 본질로 여기고 있었고, 당대 최고의 화학자였던 라이너스 폴링Linus Pauling도 단백질 연구에 주력하고 있었습니다.

그런데 왓슨과 지도교수 살바도르 루리아Salvador Luria는 상대적으로 관심이 적었던 DNA를 연구하는 것이 생명의 비밀을 푸는 열쇠가 될지도 모른다고 생각했습니다. 두 사람이 알고 싶었던 것은 DNA를 구성하는 당, 인산, 염기 이 성분들이 3차원 공간에서 어떻게 함께 자리 잡고 있나 하는 것이었어요.

DNA의 구조를 알아내기 위해 왓슨은 1950년 9월 덴마크 코펜하겐에서 생화학 분야로 박사후연구를 시작합니다. 그리고 이듬해인 1951년 참석한 나폴리 학회에서 새로운 연구의 길을 발견합니다. 그

곳에서 영국의 분자생물학자 모리스 윌킨스Maurice Wilkins 의 'DNA에 대한 X선* 회절 사진' 관련 발표를 듣고 DNA를 X선으로 연구해야겠다고 결심했으니까요. 왓슨의 박사 학위 논문이 〈박테리오파지 증식에 대한 X선의 영향〉이었음을 감안하면 왓슨이 'X선을 이용한 DNA 연구'를 생각한 것은 전혀 뜻밖의 방향은 아니었던 것이죠.

왓슨은 X선으로 DNA를 연구하기 위해 케임브리지대학교 캐번디시 연구소Cavendish Laboratory* 로 옮깁니다. 이곳에서 영국의 생물학자

🔍 X선

자외선보다는 짧고 감마선보다는 긴 전자기파이다. 1910년경 영국의 물리학자 윌리엄 헨리 브래그, 윌리엄 로렌스 브래그 부자가 X선을 이용해 결정의 구조를 파악할 수 있음을 밝힌 후, 과학자들은 X선으로 소금 결정, 단백질 등을 들여다보게 되었다.

🔍 캐번디시 연구소

케임브리지대학교의 연구소다. 총장 데본셔 공작이 자신의 선조이자 실험물리학자였던 헨리 캐번디시의 이름을 따서 1874년에 설립했다. 헨리 캐번디시는 정전기, 비열, 열팽창 등에 관해 연구했다. 지구 무게를 재는 데 필요한 중력 상수 G를 처음 측정하기도 했다. 연구소 설립 이래 2019년 기준 30명의 노벨상 수상자를 배출했다. DNA의 이중나선 구조를 밝힌 왓슨과 크릭을 비롯해 맥스웰 방정식으로 유명한 제임스 맥스웰James Maxwell, 원자 모델을 제시한 조지프 톰슨J. Thomson, X선 회절 법칙을 발견한 윌리엄 로렌스 브래그William Lawrence Bragg 등이다. 왓슨과 크릭이 X선 회절 사진을 해석하는 데 당시 연구소장이던 윌리엄 로렌스 브래그가 도움을 주었다고 한다.

프랜시스 크릭Francis Crick을 운명적으로 만나게 되지요. 당시 왓슨은 스물세 살, 크릭은 서른다섯 살이었습니다. 크릭은 물리학을 전공했다가 생물학으로 방향을 튼 박사 과정 중인 학생이었어요. 크릭의 박사 학위 논문 주제가 'X선을 이용한 헤모글로빈 연구'였으니, 왓슨과 잘 맞았던 겁니다. 크게 보면 생물학과 물리학의 만남이 DNA 구조를 밝히는 동력이 된 셈이지요.

삼중나선? 이중나선?

1951년 당시 영국 과학계에서는 전쟁 직후라 경제적인 문제로 연구 중복을 피하고 있었어요. DNA 연구는 킹스 칼리지 런던이 주도하고 있었죠. 킹스 칼리지에 새로 설립한 생물물리학부에서는 윌킨스와 로절린드 프랭클린Rosalind Franklin이 X선을 이용해 DNA를 연구하고 있었습니다. 왓슨은 51년 런던 학회에서 프랭클린의 발표를 듣게 됩니다. 그는 프랭클린이 소개한 DNA에 대한 X선 회절* 사진을 보고 DNA는 나선 구조이리라고 생각합니다.

이 생각을 바탕으로 왓슨과 크릭은 DNA를 세 가닥 나선으로 구성된 즉, 삼중나선 구조로 만들어 봅니다. 두 사람은 줄과 특별히 제작한 금속을 이용해서 모형 제작을 시작한 지 한 달여 만에 완성합니다. 그리고 윌킨스와 프랭클린을 초대해서 자신들의 모형을 자랑

1950년 윌킨스가 박사 과정 중인 연구원 레이먼드 고슬링과 DNA를 X선으로 쫘여 찍은 사진이야. 먼지 잘 모르겠지? 그런데 프랭클린이 노력 끝에 선명한 사진을 얻게 돼. 그 사진을 보고 왓슨은 DNA가 이중나선 구조라는 걸 짐작하게 되지. 윌킨스가 프랭클린 동의 없이 왓슨과 크릭에게 사진을 보여 줘서 나중에 문제가 되었고 말야.

스럽게 내보여요. 그런데 프랭클린이 모형에서 물의 함량을 문제 삼으며, 중대한 결함을 지적하지요. 왓슨과 크릭은 잠시 의기소침해지

🔍 회절과 X선 회절

파동이 장애물을 만나면 반사, 굴절 그리고 회절 3가지 현상이 발생하는데, 회절은 직진하던 파동이 장애물의 가장자리에서 휘어져 나오는 현상이다. 벽 너머의 소리를 들을 수 있는 것도 회절이 일어나기 때문이다. 빛은 전자기파이며, X선도 그렇다. DNA에 X선을 쪼이고 회절된 광선들의 각과 세기를 측정하면, DNA 결정 내의 원자 구조가 만들어 내는 회절 패턴으로 DNA의 구조를 추론할 수 있다. 이 원리를 수학적으로 푼 사람이 캐번디시 연구소의 윌리엄 로렌스 브래그이다.

지만, 1953년 DNA가 이중나선 구조임을 밝히면서 모형을 다시 세상에 내놓습니다.

사실 삼중나선 모형 제작 이후 캐번디시 연구소장은 왓슨과 크릭에게 DNA 연구를 중단하라고 했습니다. 하지만 왓슨과 크릭은 1953년 허시와 체이스가 박테리오파지를 이용한 실험으로 유전물질이 DNA임을 확증한 것을 보면서 DNA 구조를 밝히는 일이 생명과 유전 현상의 비밀을 푸는 열쇠임을 확신합니다. 그리고 캐번디시 연구소장을 설득해서 다시 DNA 연구에 뛰어들지요. 소장을 어떻게 설득했냐고요? '미국의 저명한 학자 라이너스 폴링도 DNA 연구에 열중하고 있다. 자칫 잘못하면 영국이 연구 주도권을 미국에 빼앗길 수 있다'며 애국심을 자극했다고 합니다.

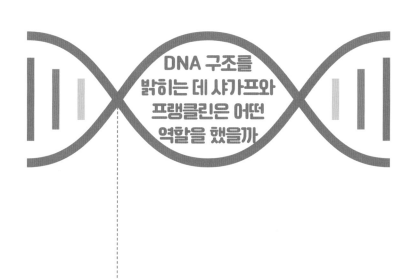

DNA 구조를
밝히는 데 샤가프와
프랭클린은 어떤
역할을 했을까

왓슨과 크릭은 DNA 구조를 왜 이중나선이라고 생각했을까요? 다른 많은 과학자의 실험 결과 덕분에 가능했습니다.

샤가프의 법칙

먼저 언급할 과학자는 샤가프입니다.

미국의 생화학자 샤가프는 1944년 DNA가 유전물질일 수 있음을 암시하는 에이버리의 연구 결과에 영향을 받아 DNA 연구를 시작합니다. 그는 DNA를 구성하는 4개의 염기 아데닌A, 구아닌G, 시토신C, 티민T을 정량하는 방법을 개발하고, 사람을 포함한 여러 생

생물 / 염기	아데닌A	구아닌G	시토신C	티민T
대장균	25.4	25.1	26.6	24.9
박테리오파지	21.3	28.6	27.2	22.9
효모	31.3	19.7	17.1	32.0
돼지	30.1	20.4	20.6	29.9
사람	30.5	20.5	19.8	29.8

여러 생물의 염기 조성 비율(단위: %)

물의 DNA 염기 조성을 알아보았어요.

샤가프는 자신의 논문에서 A와 T의 비율이 거의 1:1에 가깝고, C와 G의 비율 또한 그렇다고 밝힙니다. 이를 '샤가프의 법칙'이라고 합니다. 1952년 캐번디시 연구소를 방문한 샤가프는 후배 과학자인 왓슨과 크릭에게 자신의 연구에 관해 이렇게 들려주었을 것 같습니다.

내가 사람을 포함해서 돼지, 효모, 대장균의 DNA 염기 비율을 분석해 보았는데 말이오. 생물의 종류에 따라 염기의 비율은 서로 다르지만(대장균은 4개 염기의 함량이 거의 같고, 사람은 아데닌이 가장 많다), 신기하게도 염기 A와 T의 양이 거의 같고, C와 G의 양이 거의 같았소.

샤가프는 자신의 연구 결과를 DNA 구조와 연결하지 않았어요.

샤가프는 4개 염기가 어떻게 구성되어 있는지에 따라 생물 종을 분류할 수 있다며 염기 구성에 더 관심이 많았습니다. 그런데 왓슨과 크릭은 이 연구 결과를 이중나선 구조를 뒷받침하는 데이터로 쓴 것이지요. 1953년 DNA 이중나선 구조에 대한 논문에서 샤가프의 연구를 언급합니다.

이 구조의 아름다운 특징은 아데닌과 티민 염기에 의해 두 사슬이 결합되는 방식이다. (…) 결합이 이루어지려면 염기 하나는 아데닌, 하나는 티민이어야 한다. (…) 이 특정한 염기쌍이란 아데닌과 티민, 그리고 구아닌과 시토신을 말한다. 다시 말해서, 아데닌이 한 쌍의 한쪽이라면 이 가정에 의해 반대쪽은 티민이어야 한다. 구아닌과 시토신에 대해서도 마찬가지다. 한 사슬의 염기 서열은 어떠한 제한 조건도 없다. 그러나 특정한 종류의 염기쌍만이 존재할 수 있는 것은 한 사슬의 염기 서열이 주어졌다면 다른 한 사슬의 염기 서열도 반드시 결정된다는 것이다. 실험한 결과 아데닌과 티민의 양, 구아닌과 시토신의 양의 비는 1:1에 매우 가까움이 밝혀졌다.

프랭클린의 X선 회절 사진

다음으로 힌트를 준 과학자는 프랭클린입니다.

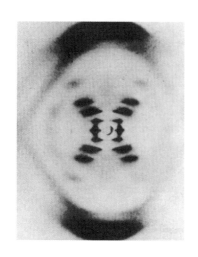

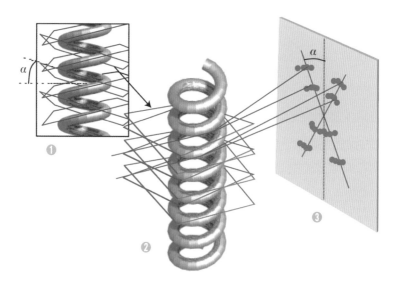

프랭클린이 찍은 사진(위)과 십자형 패턴이 나온 원리를 설명한 그림

1953년 1월 왓슨과 크릭은 X선으로 DNA를 찍은 사진을 보게 됩니다. 그리고 DNA가 이중나선일 거라고 추론하지요.

이 사진은 프랭클린이 1952년 5월에 X선으로 찍은 것인데, 왓슨이 지금까지 본 DNA 회절 사진 중 가장 선명했습니다. 이 사진을 얻기까지 프랭클린은 얼마나 많은 시도를 했을까요. 100시간 이상의 노력으로 얻은 이 사진을 프랭클린의 동의 없이 윌킨스가 왓슨과 크릭에게 보여 줬다는 것은 여전히 논란을 불러일으키고 있습니다.

왓슨은 자신의 책 《이중나선》에서 이 사진을 보고 DNA가 이중나선 구조임을 추론했다고 밝힙니다.

그 사진을 보는 순간 입이 딱 벌어지고 심장이 뛰기 시작했다. 그 사진에서 가장 뚜렷한 십자형 검은 회절 무늬는 나선 구조에서만 생길 수 있는 것이었다.

왓슨은 왜 로절린드 프랭클린을 기렸을까

DNA에 대한 X선 회절 사진을 찍어 DNA 구조를 밝히는 데 결정적인 힌트를 준 프랭클린은 왜 그 업적을 인정받지 못했을까요? 왓슨과 크릭, 윌킨스 세 명이 노벨상을 받기 4년 전인 1958년에 난소암으로 세상을 떠났기 때문이지요.

프랭클린 삶과 연구 성과를 조명한 《로절린드 프랭클린과 DNA》에 따르면, 프랭클린도 자신이 찍은 B폼 회절 사진을 보고 이중나선 구조를 시사한다고 말했다고 합니다. 염기를 가운데에 두고, 바깥쪽에

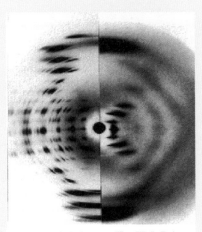

DNA A폼과 B폼 사진. A폼 DNA와 B폼 DNA의 차이는 수분 양의 차이다. A폼 DNA가 물을 흡수하면 B폼 DNA가 된다. 따라서 위아래 염기 사이의 거리가 A폼 DNA가 더 촘촘하다.

프랭클린

는 당-인산 뼈대를 배치하려고도 생각했고요. 물론 프랭클린은 B폼 (생체 환경과 비슷한 상태에서의 DNA)보다 A폼(건조 상태에서의 DNA) 사진에 더 관심을 기울였지만요.

프랭클린은 모형을 구성해 DNA 구조를 밝히는 일보다 회절 사진을 얻는 방법을 찾고 그 방법을 이론적으로 분석하는 데 더 열의를 보였습니다. 이런 노력 덕분에 DNA 구조를 짐작케 하는 결정적인 사진을 확보할 수 있었던 것이겠지요.

왓슨은 《이중나선》에서 다음과 같이 프랭클린을 기렸습니다.

여성을 한낱 심오한 이론에 지쳤을 때 기분을 전환시켜 주는 존재로만 생각하기 쉬운 과학의 세계에서, 그녀와 같은 고도의 지성을 갖춘 여성이 그토록 투쟁해야만 했다는 것을 우리는 너무 늦게 이해했다. 그

뿐 아니라, 자신의 불치병을 알면서도 한탄 한마디 없이 고차원적인 연구에만 헌신적인 정열을 기울여 온 그녀의 용기와 성실성을 우리는 좀 더 일찍 깨달았어야 했다.

프랭클린을 DNA 구조를 짐작케 하는 결정적인 사진을 제공한 사람으로만 기억하는 것은 그녀를 제대로 이해하지 못하는 것입니다. 그녀는 킹스 칼리지에서 DNA 연구를 마치고 버백 칼리지로 옮겨 X선 회절을 이용해 바이러스 구조를 밝히는 연구를 시작합니다. 영국의 화학자 아론 클루그Aaron Klug와 함께 담배 같은 가짓과 식물들이 쉽게 감염되는 담배모자이크 바이러스tobacco mosaic virus, TMV 구조를 밝히려고 했어요. (1982년 클루그는 이 연구를 토대로 바이러스의 3차원 구조를 밝혀내 노벨상을 받습니다.)

프랭클린은 기존 연구자보다 더 나은 TMV X선 회절 사진을 얻고, 이 데이터를 해석해서 1955년 TMV의 구조를 최초로 제시합니다. 인류 최초로 바이러스 구조를 밝혀낸 사건이지요! TMV 외에도 1958년 사망 전까지 소아마비 원인인 폴리오바이러스 구조를 밝히는 일에 전념했습니다. 더 오래 살았다면 바이러스 구조를 밝힌 공로로 노벨상을 받았을지 모르겠습니다.

염기끼리는 어떻게 결합할까

이제 왓슨과 크릭은 추론한 이중나선 구조 모형 제작에 들어갑니다. 가장 큰 고민은 나선 속에 염기를 어떻게 규칙적으로 쌓을 수 있느냐였습니다.

처음 왓슨은 같은 염기끼리 결합하는 것(아데닌-아데닌, 티민-티민)을 구상했는데 그 경우 DNA의 폭이 들쭉날쭉해지는 문제에 부딪혔습니다. 아데닌끼리 결합하면 폭이 넓고, 티민끼리 결합하면 폭이 좁기 때문이죠.

염기를 어떻게 조합해야 할까. 두 사람은 계속 고민합니다. 이때 구세주처럼 등장한 이가 있었으니 바로 연구소를 같이 쓰던 미국의 결정학자 제리 도나휴Jerry Donahue였습니다. 도나휴는 두 사람에게 염기의 특성과 결합 방식, 즉 아데닌과 티민, 시토신과 구아닌 사이의 수소 결합에 대해 자세히 가르쳐 줍니다. 수소 결합이란 전기적으로 음성인 원자(질소, 산소)와 전기적으로 양성인 수소가 서로 자연스럽게 끌어당겨 결합된 상태를 말해요.

도나휴 덕분에 왓슨과 크릭은 샤가프 박사의 법칙을 떠올리며 아데닌은 티민과, 시토신은 구아닌과 상보적인 형태로 결합해 봅니다. 그 결과 폭이 일정한 안정적인 구조를 얻게 되지요. 왓슨은 이 과정을 《이중나선》에서 다음과 같이 밝힙니다.

빳빳한 도화지를 구해 염기의 모양을 정확하게 그려 오린 뒤, 아무도 출근하지 않은 연구실에서 책상을 깨끗이 치운 후 염기들을 이리저리 배열하면서 이들을 수소 결합으로 연결시켜 보았다. 그러다가 수소 결합 두 개로 연결된 아데닌-티민 쌍이 두 개 이상의 수소 결합으로 연결된 구아닌-시토신 쌍과 모양이 똑같음을 알게 되었다. 나는 도나휴에게 달려가 이 새로운 염기쌍에도 문제가 있는지 물어보았다. 도나휴는 전혀 문제가 없다고 대답했다. 샤가프의 실험 결과는 이 이중나선 구조의 결과임이 분명해졌다.

이런 과정을 거쳐 마침내 두 사람은 DNA 모형을 완성하지요.

왓슨과 크릭은 1953년 논문에서 도나휴에게 감사한 마음을 전했습니다.

이중나선 구조는 어떤 모습일까

1953년 왓슨과 크릭은 DNA가 이중나선 구조임을 한쪽 분량의 논문으로 작성해 《네이처*》에 발표합니다. 논문 제목이 〈핵산의 분자 구조: DNA의 구조〉입니다. 그리고 이 연구 공로를 인정받아 1962년 두 사람은 노벨생리의학상을 받습니다. 왓슨과 크릭이 DNA가 이중나선 구조임을 밝히는 데 결정적인 자료(X선 회절 사진)을 제공한 윌킨스도 같이 받지요.

1953년에 왓슨과 크릭이 제안한 DNA 구조는 현재 우리가 알고 있는 그 구조입니다.

DNA는 다음 그림을 보면 알 수 있듯이, 바깥 양쪽은 인산과 당

🔍 《네이처》
세계에서 가장 오래되고 유명한 영국의 과학 학술지.

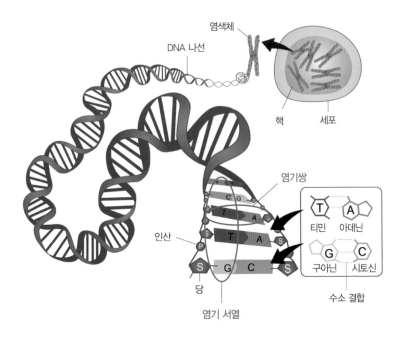

염색체

DNA 나선

핵　　세포

염기쌍

인산

염기 서열

당

T 티민　A 아데닌

G 구아닌　C 시토신

수소 결합

DNA 구조

염기쌍, 염기 서열이란 말 어렵지? 간단해.
가로로 짝을 이루고 있는 것이 염기쌍이고,
세로로 배열돼 있는 것이 염기 서열이야.
DNA는 두 가닥이 붙어 있는 거잖아.
두 가닥을 떼어 냈을 때 한 가닥의 세로 배열이 염기 서열이야.
염기쌍은 쉽게 잘 떨어지는 반면,
염기 서열은 단단하게 붙어서 떨어지지 않아.

왓슨(왼쪽)과 크릭이 제작한 DNA 모형이야. 2미터가 넘는다고 해. DNA 구조를 밝힌 건 굉장한 사건이지!

이 뼈대를 이루고 있고, 안쪽에서는 4가지 염기(아데닌A, 구아닌G, 시토신C, 티민T)가 층층이 쌓여 있는 구조입니다. 가로로 놓인 두 염기는 짝꿍이 정해져 있는데(A이면 T, G이면 C), 이것이 염기쌍입니다. 반면, 염기의 세로 순서는 다양한 조합이 가능하죠. DNA 한 가닥에서(그림은 이중나선을 표현한 것이기 때문에 두 가닥입니다) 세로 염기가 어떻게 배열되어 있는지가 바로 생명체의 유전 정보인 염기 서열입니다.

DNA와 유전자는 어떤 관계일까

염색체는 DNA와 히스톤 단백질로 이루어져 있어요. 사실 염색체=DNA라고 해도 무방합니다. 히스톤 단백질은 긴 DNA를 칭칭 감아 주는 '실패' 같은 역할을 하는 것이니까요. 히스톤 단백질이 칭칭 감아 준 덕분에 DNA가 염색체에 응축돼 들어갈 수 있지요.

우리 몸에는 세포 하나마다 1번에서 23번까지의 염색체가 들어 있어요. 생식세포 하나에는 23개, 체세포에는 1번에서 23번까지의 염색체가 한 쌍씩 46개가 들어 있습니다. 분자생물학의 발전으로 1번에서 23번까지의 염색체에 30억 개 염기쌍이 들어 있다는 사실이 밝혀졌고요.

염색체에는 DNA가 히스톤 단백질에 의해 응축되어 있고, DNA의 특정 염기 서열이 유전자인 것이지요. 하나의 염색체 안에는 수백, 수천 혹은 수억 개의 염기쌍이 들어 있어요.

앞에서도 말했듯이 염기 서열은 아데닌A, 티민T, 구아닌G, 시토신C 4가지 염기가 세로로 나열되어 있는 것을 말해요. 이 4가지가 어떤

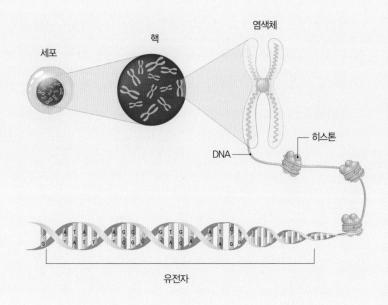

세포 　핵 　염색체

히스톤

DNA

유전자

순서로 조합되었느냐에 따라 다른 유전 정보를 전달하게 됩니다. 염
색체가 크면 당연히 그 속에 들어 있는 염기 서열도 깁니다.

　DNA는 이중나선 구조이니, '두 가닥'의 긴 염기 서열로 구성되어
있어요. 두 가닥의 안쪽에는 염기가 상보적인 쌍을 이루고 있는데,
이를 염기쌍이라고 해요. 앞서 잠깐 말했듯이 아데닌A은 티민T, 구
아닌G은 시토신C으로 짝이 정해져 있어요.

　기억해 둘 점은, 염기 서열은 단단한 결합인 데 반해, 염기쌍은 수
소 결합으로 그 결합과 분리가 유연하다는 것이지요. 그래서 DNA
복제가 잘 이루어지는 것입니다.

　그럼 체세포 하나에 들어 있는 DNA를 풀어내면 총길이가 얼마

나 될까요? 약 2미터라고 합니다. 어떻게 알아냈을까요? 염기쌍 사이의 거리(0.34nm)에 체세포 속 전체 염기쌍의 수(60억 쌍)를 곱하면 되겠지요. 보통의 우리 키보다 더 길죠. 이런 DNA가 아주 작은 세포핵 안에 들어 있으니 응축이 필요한 것이지요.

DNA는
어떻게 복제될까

이제 우리 모습(A형 혈액형, 갈색 머리 등)을 결정하는 유전물질이 단백질도 지질도 아닌 DNA라는 사실을 알았어요. 우리 몸은 약 60조 개의 세포로 되어 있습니다. 그렇다면 머리에 있는 세포와 발가락 세포에 들어 있는 DNA 정보는 같을까요, 다를까요?

체세포는 1개의 수정란에서 출발합니다. 부모의 생식세포인 정자와 난자가 만나 생긴 수정란이 수많은 세포분열을 거쳐 지금의 우리가 된 것입니다. 지금 이 순간에도 분열은 계속되고 있어요. 인간의 위벽 세포는 24시간마다, 골수세포는 18시간마다 분열을 해서 수명을 다한 세포를 대체하지요. 새로운 위벽 세포는 원래 있던 위벽 세포와 동일한 유전 정보를 가지고 있어요. 그 유전 정보는 골수세포와도 동일합니다. 위벽세포의 유전 정보는 혈액형이 A인데, 골수세포의 유전 정보는 0일 수는 없겠지요. 우리 몸을 구성하는 모든 세포의 DNA 정보는 동일합니다(돌연변이가 일어나지 않았다면). 어떻게 그 많은 세포가 동일한 유전 정보를 가지게 되었을까요? 세포가 분열할 때마다 만들어 내는 DNA의 복제본이 그 해답입니다.

복제에 관한 3가지 가설

두 가닥으로 되어 있는 DNA를 노끈 두 개를 꼬아 만든 밧줄이라고 상상해 봅시다. 이 밧줄과 똑같은 밧줄을 만들려면 어떻게 해야 할까요? 과학자들은 세 가지를 제시합니다.

첫 번째는 밧줄을 둘로 가른 후 원래 밧줄을 참고해서 새로 만드는 것입니다. 이를 '반보존적 복제가설'이라고 합니다. 이 가설은 왓슨과 크릭이 DNA가 이중나선 구조임을 밝힌 직후에 추가로 발표한 것입니다. 두 사람은 DNA 이중나선이 풀려서 두 가닥이 되고 그 각각을 주형으로 삼아(모형에 석고를 부어 뜨는 걸 상상하면 됩니다) 새로운 DNA 가닥을 만들어 낸다고 추론했습니다.

이 가설에 대해 당시 미국의 저명한 생물학자인 막스 델브뤼크Max Delbrück는 물리적으로 일어나기 어렵다며 문제를 제기합니다. 즉, DNA 길이가 엄청나게 길어 DNA가 풀리는 과정에서 엉키거나 꼬일 수 있다는 것입니다(이를 초꼬임이라고 하는데, 실제로 초꼬임이 일어나

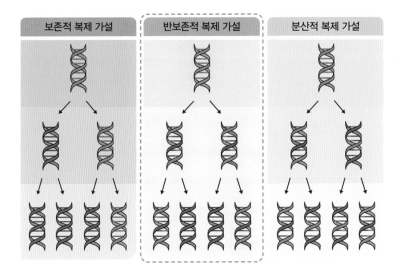

| 보존적 복제 가설 | 반보존적 복제 가설 | 분산적 복제 가설 |

DNA 복제에 관한 가설들

며, 초꼬임을 풀어 주는 효소인 DNA 회전 효소가 이 문제를 해결한다는 사실이 나중에 밝혀집니다). 그리고 델브뤼크는 '분산적 복제가설'을 제시합니다. 이 가설은 DNA가 작은 조각으로 잘려 각각을 주형으로 삼아 복제된 후 다시 연결되었다는 주장입니다. 복제 후의 DNA에는 주형 DNA 조각과 새로 합성된 DNA 조각이 섞여 있게 됩니다. 세 번째는 '보존적 복제가설'로 원래의 DNA 이중나선은 온전히 그대로 유지되고, 그와 똑같은 새로운 가닥을 만들어 낸다는 추론입니다.

이 세 가설 중 어떤 것이 채택되었을까요? 반보존적 복제 방식입니다. 1958년 미국의 생물학자 매슈 메셀슨Matthew Meselson과 프랭클린 스탈Franklin Stahl은 대장균을 이용해서 DNA가 반보존적 방식으

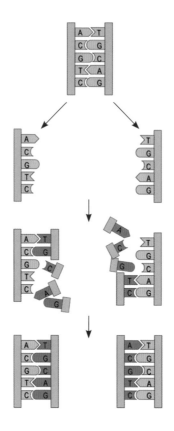

반보존적 복제 원리

로 복제된다는 것을 증명합니다. 이 실험은 '생물학 역사상 가장 아름다운 실험'으로 불립니다.

반보존적 복제는 앞에서 잠깐 설명했듯이 DNA 가닥이 두 개로 분리된 후 한쪽은 보존한 채 나머지 한쪽을 새로 합성하는 방식입니다. 그래서 반은 보존된다는 의미에서 '반보존적'이란 표현을 쓴 것입니다. 이 가설을 좀 더 구체적으로 살펴보면, 염기쌍 사이의 수소 결합이 깨지면서 DNA가 분리되고, 각각의 DNA 가닥을 주형으로 삼아 상보적인 뉴클레오타이드를 추가하면서 동일한 DNA가 2개 만들어지는 것이지요.

물론 실제 복제 과정은 훨씬 복잡합니다. 일례로 DNA 복제 과정에는 여러 종류의 효소가 필요한데, 그중 가장 핵심적인 효소가 뉴클레오타이드를 부착시키는 DNA 중합효소예요. 중합重合은 '포개어 합친다'는 뜻인데요, 중합효소는 말 그대로 DNA 복제 과정에서 뉴클레오타이드를 추가해 주는 효소인 것이지요. DNA 중합효소는 미국의 생화학자 아서 콘버그Arthur Kornberg가 발견했습니다.

복제 과정에서 오류가 생기면 어떻게 수선할까

물론 DNA 복제 과정에서 오류가 생길 수 있습니다. 오류가 생긴다는 건 '염기가 잘못 들어갈 수 있다'는 뜻입니다. 그러면 돌연변이나 질병이 생길 수 있습니다. 다행히 사람을 포함한 진핵생물의 DNA는 손상된 부위를 '수선'할 수 있는 효소를 만들어 내고 그 효소들이 잘못된 부분을 잘라내고 복구시키지요.

하지만 이렇게 교정해도 DNA는 자외선, 활성산소 등 돌연변이를 유발하는 물질들로 인해 끊임없이 손상되고 있어요. 과학자들은 우리 몸은 생명을 유지하기 위해 애쓸 것이고 당연히 손상된 DNA를 '수선'하는 역할을 하는 것들이 있으리라고 추론합니다. 마침내 린달, 산자르, 모드리치 세 명의 과학자가 손상된 DNA를 복구시키는 것들을 찾아냅니다. 이 공로를 인정받아 세 사람은 2015년 노벨화학상을 받습니다.

DNA 복제 과정에서 오류가 생기면 우리 몸이 어떻게 해결하는지 밝혀낸 (왼쪽부터) 산자르, 모드리치, 린달

먼저, 토마스 린달Tomas Lindahl이 발견한 것을 보겠습니다. 린달은 스웨덴의 암 연구자예요. 시토신C, 구아닌G, 티민T, 아데닌A 4가지 염기 중 가장 돌연변이가 일어나기 쉬운 염기가 시토신인데요, 일례로 시토신이 우라실로 변하는 것입니다. 시토신이 우라실로 바뀌는 일은 사람 세포에서 하루에 100회 정도 일어난다고 해요.

시토신이 우라실로 바뀌면 본래 구아닌이 들어갈 자리에 아데닌이 들어가겠지요. 돌연변이가 발생하는 것입니다. 린달은 바로 이런 돌연변이를 탐지하고 제거할 방법을 연구했습니다. 절단효소(글리코실레이즈glycosylase)가 염기 서열에 존재하는 우라실을 탐지한 후, 우라실과 인산-당의 결합을 끊어 제거한다는 사실을 알아냈습니다.

아지즈 산자르Aziz Sancar는 튀르기예 출신의 미국 생화학자인데요, 자외선에 손상을 입은 DNA가 복구되는 메커니즘을 밝혀냈습니다. 여기서도 효소가 자외선이나 담배 등의 발암물질에 노출되어 손상된 DNA 부위를 인식해 잘라내고 복구합니다(뉴클레오타이드 절제 복구nucleotide excision repair). 선천적으로 이 복구 시스템이 손상돼 있다면 자외선 노출시 피부암에 쉽게 걸린다는 사실도 알아냈지요.

폴 모드리치Paul Modrich는 미국의 생화학자인데, DNA 복제 과정에서 염기쌍을 잘못 이루는 오류를 수정하는 방법(오류쌍 수선mismatch repair)을 연구했습니다.

지금 이 순간에도 우리 몸 안에서는 DNA가 계속 복제되고 있으며, 그 과정에서 돌연변이와 수선이 끊임없이 일어나고 있습니다.

유전자가 가진 정보는 어떻게 드러날까

DNA에 프로그래밍되어 있는 유전 정보는 어떤 과정으로 드러날까요? DNA가 어떻게 생물의 형질, 그러니까 여러분의 눈, 키 등을 결정할까요? 9번 염색체의 DNA는 어떻게 A형 혈액형을 나타낼까요?

크릭은 1957년 유전 정보가 DNA에서 RNA, 단백질 순서로 이동한다고 제안했습니다. DNA의 유전 정보가 RNA로 전해지고, 단백질 즉 효소가 만들어진다는 것이지요. 이후에 맞는 말로 증명되었지만, 당시에 크릭은 DNA, RNA, 단백질 간의 관계나 어떻게 유전 정보가 전달되는지까지는 설명하지 못했습니다. 이후 많은 과학자의 노력으로 이 과정이 밝혀지지요.

효소를 만들어 내는 유전자

유전자가 무엇을 통해 그 역할(생물의 형질을 결정하는 것)을 하는지를 알아보려면 유전자가 잘못되었을 때 그 결과가 어떻게 되는지를 보면 됩니다.

1902년경 영국의 의사 아치볼드 개롯Archibald Garrod은 오줌 색이 검게 변하는 알캅톤뇨증을 앓는 환자를 통해 유전자 이상이 병의 원인임을 추론합니다. 이 증상이 집안 내력이라는 사실에 주목해 유전병이라고 생각한 것이지요. 알캅톤뇨증인 사람은 알캅톤alkapton을 분해하는 효소를 만들지 못하는 특성을 물려받은 것으로 판단했습니다. 개롯은 유전자 이상이 효소의 이상으로 이어진다며 추론을 이어 갔습니다. 유전자에 문제가 생겨 효소가 제 기능을 못한다는 건 유전자가 효소를 만드는 것과 관련이 있다는 것이죠.

유전자가 효소 합성에 관여한다는 것은 1941년 미국의 유전학자 조지 비들George Beadle과 에드워드 테이텀Edward Tatum이 곰팡이를 이용한 실험을 통해서 증명합니다. 두 사람은 붉은 빵곰팡이에 (유전자) 돌연변이를 일으켜서 곰팡이의 형질이 변하는 걸 확인하는데요, 형질이 변한 이유가 효소 합성이 안 되었기 때문이라는 사실을 알게 됩니다. 그 과정을 간략히 살펴볼게요.

붉은 빵곰팡이는 주로 옥수수나 빵에 생기는데요, 비들은 제자이

유전자가 효소를 만든다는 사실을 밝힌 비들(왼쪽)과 테이텀

자 동료인 테이텀과 붉은 빵곰팡이에 X선을 쪼여 돌연변이를 유도합니다. 그런데 붉은 빵곰팡이에 X선을 쪼일 때 쪼이는 방향이나 각도에 따라, 혹은 곰팡이의 배치에 따라 영향을 받는 유전자도 달라지겠죠. 결과적으로 문제가 생긴 효소도 다를 거고요. 비들과 테이텀은 이런 추론을 했을 것입니다.

X선으로 유전자를 파괴했는데, 효소에 문제가 생겼단 말이지. 그렇다면 유전자는 결국 효소를 만드는 일을 담당한다는 소리 아닌가?

이러한 결론을 바탕으로 '1유전자-1효소설'을 내놓습니다. 즉 한 유전자가 한 효소의 합성에 관여한다는 사실을 밝혀냅니다.

이후엔 유전자가 가진 정보로 만들어지는 것이 효소뿐만이 아니

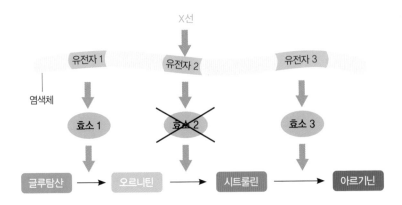

유전자가 효소 합성에 관여한다는 사실을 알 수 있다.

라는 사실이 밝혀집니다. 인슐린 같은 호르몬, 케라틴 같은 단백질
도 모두 유전 정보로 만들어진다는 것이지요. 그래서 '1유전자 – 1효
소설'이 '1유전자 – 1단백질설'로 수정됩니다.

내 혈액형을 결정하는 것은 무엇일까

혈액형이 서로 다른 건 유전자가 달라서예요. 유전자가 효소를 결정한다고 했으니, 혈액형의 차이는 결국 효소의 차이겠지요. 나의 9번 염색체에 들어 있는 혈액형 유전자가 나의 혈액형을 A로 결정하는 이유도 특정 효소를 만들어 냈기 때문입니다. 적혈구 표면에는 다음 사진처럼 당사슬이 붙어 있어요.

이 당사슬은 혈액형에 따라 달라요. A형, B형, O형, AB형은 모두 공통 당사슬을 갖고 있는 데요, O형은 공통 당사슬만 가지고 있고, A형과 B형은 각각 다른 당을 또 갖고 있습니다. 구체적으로 A형은 공통 당사슬 말단에 N-아세틸갈락토사민을, B형은 갈락토스

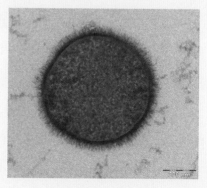

적혈구 표면의 당사슬(전자현미경 사진)

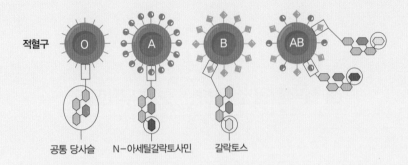

적혈구

공통 당사슬   N-아세틸갈락토사민   갈락토스

ABO식 혈액형에 따른 적혈구 표면의 차이

를 가지고 있습니다. A형 유전자는 N-아세틸갈락토사민 전달효소를, B형 유전자는 갈락토스 전달효소를 만들어 적혈구 표면을 다르게 하는 것이지요. 전달효소가 두 유형의 당을 적혈구 표면으로 옮겨 주는 역할을 하기 때문입니다. 두 효소가 다 생성되지 않는 O형은 적혈구 표면에 공통 당사슬 외에 다른 당사슬이 없고요.

A형은 부모에게서 받은 유전자가 AA나 AO기 때문에 적어도 하나의 A 유전자를 가지고 있어 적혈구 표면에 N-아세틸갈락토사민을 가지고 있습니다. B형도 마찬가지예요. AB형은 두 효소가 다 만들어지기 때문에 적혈구 표면에 두 당사슬이 다 있고요.

나의 A형 유전자는 'N-아세틸갈락토사민 전달효소'라는 효소를 만들게 합니다. 이 효소는 적혈구 표면에 N-아세틸갈락토사민이 붙게 하는데, 이 당사슬이 A형임을 알리는 표식이 되는 것이지요. 적혈구 표면에 특정 당사슬이 붙게 하는 효소가 나의 혈액형을 A로 정해 주는 것이지요. 그 효소 정보는 9번 염색체에 들어 있고요. 이 당사슬은 B형이나 AB형 혈액 속에 있는 항체와 만나면 뭉치게 되는데, 뭉치는 현상을 응집이라고 합니다. 이 응집 때문에 아무 혈액이나 수혈하면 안 되는 것입니다. A형인 내가 B형이나 AB형을 수혈받으면 혈관 안에서 잘 흘러가야 할 혈액이 뭉치는 일이 생기니 위험해지겠지요. 혈액형 판정도 같은 원리입니다. 혈액형을 판정하는 시약에도 특정 혈액형에 떨어뜨리면 응집을 일으키는 항체가 들어 있어요.

단백질은
어떤 과정으로
만들어질까

앞에서 DNA 속의 유전 정보가 단백질(전달효
소)을 만들어 혈액형을 결정할 수 있다고 했습니다. 즉, 형질의 차이
가 단백질의 차이고, 단백질이 차이 나는 이유는 유전 정보가 달랐
기 때문입니다. 그러면 DNA 속의 유전 정보를 이용해 어떻게 단백
질을 만들게 될까요?

진핵세포의 경우 DNA가 들어 있는 곳은 세포의 핵입니다. 단백
질이 만들어지는 곳은 세포질이고요. 평소에는 핵막으로 공간이 분
리되어 있어요. 핵 속에 있는 DNA는 세포가 분열하는 짧은 시간을
제외하고는 세포질에서 발견되지 않습니다.

세포질에서 단백질을 만들 때 핵 속에 들어 있는 DNA의 유전 정
보를 어떻게 이용할 수 있을까요? 과학자들은 DNA와 단백질을 매
개하는 다른 물질이 있다고 생각했어요. 그 물질의 유력한 후보는

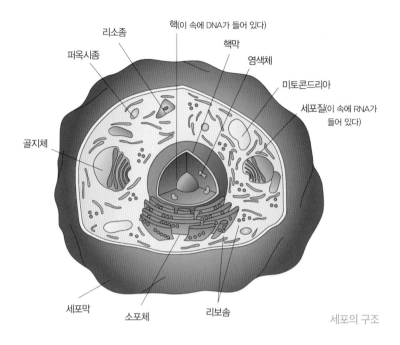

리소좀

핵(이 속에 DNA가 들어 있다)

퍼옥시좀

핵막

염색체

미토콘드리아

세포질(이 속에 RNA가
들어 있다)

골지체

세포막

소포체

리보솜

세포의 구조

세포질에서 다량 발견되는 RNA입니다. 즉, 핵 속의 DNA가 직접 세포질로 나오지 않고, DNA의 정보를 RNA로 전달하고, 이 RNA 정보를 이용해서 리보솜에서 단백질이 합성되는 것이죠. 쉽게 말하면, 도서관의 책 전부를 쓰는 것이 아니라 어떤 책의 필요한 부분만 복사해서 쓰는 것과 같습니다.

1957년 크릭이 유전 정보가 DNA→RNA→단백질 순서로 이동한다고 추론한 것이 맞았던 것이지요. 지구상의 모든 생물은 이 경로로 단백질을 만듭니다. 단백질이 왜 중요할까요?

태엽을 감아야 움직이는 장난감처럼 생물도 에너지가 있어야 살

수 있어요. 식물이 빛에너지를 이용해 양분을 만들고, 그 양분을 동식물이 분해해서 쓰려면, 효소가 꼭 있어야 합니다. 사람도 마찬가지입니다. 밥과 고등어를 먹어도 효소가 없으면 소화를 시킬 수 없어요. 효소(DNA 중합효소)가 없으면 DNA 복제도, 세포분열도, 번식도 일어날 수 없어요.

효소의 주요 성분은 단백질입니다. 효소가 제대로 작용하려면 생물은 체온, 삼투(염분 농도)가 일정해야 합니다. 이를 '항상성'이라고 하는데, 항상성 유지에 꼭 필요한 것이 호르몬인데요, 이 호르몬의 주성분도 단백질입니다. 단백질은 세포막의 성분으로 세포 안팎의 물질 수송에도 중요한 역할을 합니다. 우리가 날아오는 공을 피할 수 있는 것도 자극 전달에 관여하는 단백질과 근육 단백질 덕분입니다. 산소를 운반하는 적혈구 속 헤모글로빈도 단백질입니다. 그러므로 생명체의 시작과 끝은 단백질이라고 해도 과언이 아니지요.

다시 정리하면, DNA는 유전 정보의 원본으로 핵 속에 잘 보관되어 있다가 필요할 때마다 특정 부위에서 RNA를 만들어 내고, 리보솜에서 세포질로 나온 RNA를 이용해 단백질을 합성하는 것입니다.

DNA와 RNA는 무엇이 다를까

두 가닥으로 된 DNA에서 한 가닥의 RNA를 만들어 내는 과정을

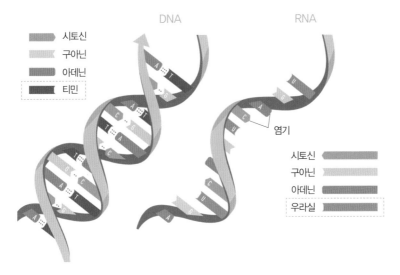

DNA와 RNA의 차이. RNA에는 티민 대신 우라실이 들어 있다.

전사傳寫라고 합니다. 전사는 '베껴 쓴다'는 뜻입니다. DNA 한 가닥을 주형으로 삼아 상보적인 염기로 된 단일 가닥 RNA를 만드는 것입니다. DNA와 RNA는, DNA는 두 가닥, RNA는 한 가닥이라는 차이 외에도 염기의 구성이 다릅니다. RNA에는 티민T 대신 우라실U이 들어 있습니다.

RNA가 만들어지는 과정의 비밀을 먼저 푼 사람은 스페인 출신의 미국 생화학자 세베로 오초아Severo Ochoa입니다. 그는 1955년 'RNA 중합효소'를 발견하고 이 효소가 RNA를 만든다는 사실을 증명합니다. DNA에서 DNA를 만드는 효소(DNA 복제에 관여하는 효소)는 DNA 중합효소이고, DNA에서 RNA를 만드는 효소는 RNA 중합

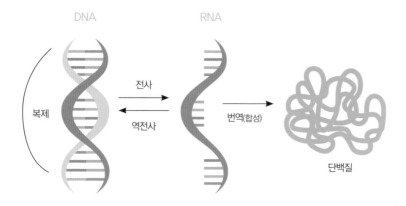

DNA에서 RNA가 합성되어 단백질이 만들어지는 과정.
DNA 중 일부만 RNA로 만들어진다.

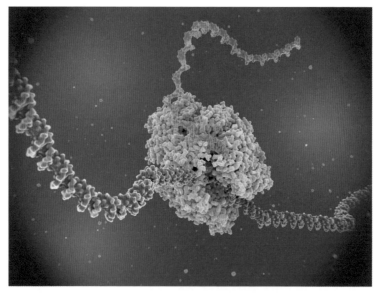

RNA 중합효소(하늘색)가 DNA(보라색)에서 RNA(붉은색)를 합성하는 과정.
DNA는 이중 가닥이고, RNA는 단일 가닥이다.

효소입니다. 오초아는 초산균 배양액에서 얻은 추출물로 RNA를 합성하는 데 성공합니다. 그 추출물에 RNA 중합효소가 들어 있었던 것이지요.

이어서 미국의 생화학자 로저 콘버그Roger Kornberg는 RNA 중합효소의 구조를 밝히고, DNA에서 RNA로 전사되는 과정을 분자 수준에서 규명했습니다. RNA 중합효소가 DNA를 따라 이동하면서 DNA 두 가닥 중 한 가닥을 주형으로 삼아 이에 상보적인 염기를 추가하며 RNA를 만든다는 것이죠. 로저 콘버그는 DNA 중합효소의 작용을 연구한 아서 콘버그의 아들이기도 해요. 아버지와 아들모두 노벨상을 받습니다.

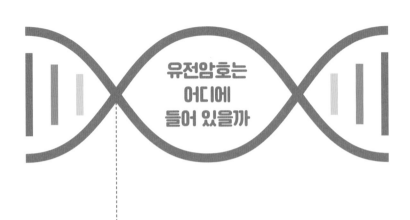

유전암호는
어디에
들어 있을까

핵 안에서 만들어진 RNA는 단백질 합성 장소인 핵 밖으로 나옵니다.

RNA는 어떻게 단백질을 만들까요? 과학자들은 핵산(DNA와 RNA)은 뉴클레오타이드(당, 인산, 염기)의 중합체이고 단백질은 아미노산의 중합체라는 점에 주목합니다. 중합체는 단순하게 말하면, 작은 것(단위체)들이 모여 만들어진 것을 말해요. 예를 들어 탄수화물은 포도당이라는 단위체가 모여서 만들어진 중합체이고, 단백질은 20여 종류의 아미노산이 모여서 만들어진 중합체이지요.

그럼, 4개의 염기(아데닌, 티민, 구아닌, 시토신)를 어떻게 조합해야 20여 종류의 아미노산을 만들어 낼 수 있을까요? 염기가 어떻게 조합되느냐에 따라 아미노산이 달라지므로, 염기의 조합이 유전암호입니다. 처음 이런 추론을 한 사람이 러시아의 물리학자 조지 가모프^{George Gamow}입니다. 가모프는 1953년 왓슨과 크릭이 DNA가 이중나선 구조라고 밝힌 논문을 읽고 두 사람에게 편지를 보냅니다.

나는 생물학자가 아니라 물리학자입니다. 하지만 이번 5월 30일 자 《네이처》에 실린 당신들의 논문을 읽고 매우 흥분되어 있습니다. 나는 그 논문이 생물학을 '정확한' 과학의 일원으로 만들어 줄 거라 생각합니다. 만약 당신들이 생각하는 것처럼 각 유기체가 숫자 1, 2, 3, 4로 표현될 수 있는 각기 다른 4개의 염기에 의해 규정되는 것이라면 말입니다. 그렇다면 이건 대수학의 조합론을 이용한 이론적 연구가 가능하다는 이야기가 되거든요. 아주 흥미로운 일이 아닐 수 없습니다. 나는 이게 가능하다고 생각하는데 당신들은 어떻게 생각하십니까?

왓슨과 크릭은 DNA의 이중나선 구조를 밝히기는 했지만, 유전자가 어떻게 단백질을 합성하는지에 대한 답을 가지고 있지는 않았어요. 반면, 가모프는 유전물질인 DNA에는 4가지 염기가 존재하고, 이 염기의 조합으로 생물의 특성이 나타난다는 사실에 흥분하고 있습니다. 4개의 염기가 어떻게 조합되느냐가 생명의 비밀을 푸는 열쇠가 될 수도 있다는 생각이 관찰과 해부 중심의 생물학을 진정한 과학으로 보이게 한 것 같습니다.

가모프는 아미노산은 20개, 염기는 4개이기 때문에 암호 단위가 1개나 2개일 수 없다고 추론했습니다. 만약, 염기 1개가 아미노산 1개

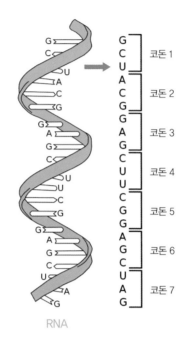

G C U	코돈 1
A C G	코돈 2
G A G	코돈 3
C U U	코돈 4
C G G	코돈 5
A G C	코돈 6
U A G	코돈 7

RNA

RNA와 코돈

를 결정한다면 RNA가 결정할 수 있는 아미노산의 종류는 4가지뿐입니다. 예를 들어, 이렇게요.

A(아데닌) → 아르기닌

C(시토신) → 시스테인

G(구아닌) → 글루타민

U(우라실) → 티로신

염기 2개로 아미노산을 암호화한다면 결정할 수 있는 아미노산의 수는 16개로 여전히 부족하죠. 염기 3개면 $4 \times 4 \times 4$로 64개의 아미노산을 결정할 수 있으므로 충분합니다. 염기 세 개가 유전암호로 쓰여 아미노산 하나를 결정한다는 것입니다. DNA상의 3염기 암호는 '3자 코드triplet code'라 하고, RNA상의 3염기 암호는 '코돈codon'이라고 합니다.

아미노산의 유전암호는 어떻게 풀렸을까

세 개의 염기가 하나의 아미노산*을 결정한 다는 추론은 어떤 염기의 조합이 어떤 아미노산을 결정하는가 하는 질문으로 이어집니다. 첫 번째 코돈은 1961년 미국의 생화학자 마셜 니런버그Marshall Nirenberg와 동료들이 밝혔습니다. 이들은 인공으로 만든 RNA를 이용해 어떤 단백질이 만들어지는지 확인합니다. 단일 염기 즉, 4가지 염기 중 하나로만 구성된 인공 RNA에 단백질 합성에 필요한 물질들(아미노산, 리보솜, tRNA, 효소 등)을 함께 넣어 주고 어떤 아미노산의 중합체가 생기는지 알아본 것입니다.

🔬 아미노산

단백질을 구성하는 요소다. 생명체는 단백질로 이루어져 있으므로 모든 생명체는 아미노산을 가지고 있다. 자연에서는 약 500가지의 아미노산이 발견되었지만, 인체에서는 20여 가지만 발견되었다. 글리신, 아스파라긴, 글루탐산, 리신 등이다.

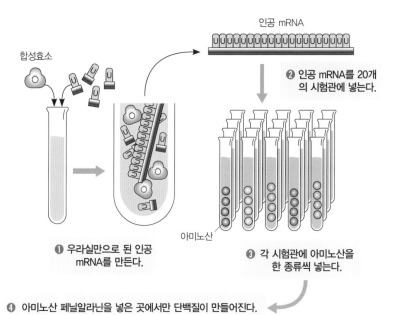

인공 mRNA

합성효소

❷ 인공 mRNA를 20개의 시험관에 넣는다.

아미노산

❶ 우라실만으로 된 인공 mRNA를 만든다.

❸ 각 시험관에 아미노산을 한 종류씩 넣는다.

❹ 아미노산 페닐알라닌을 넣은 곳에서만 단백질이 만들어진다.

니런버그의 실험 과정

실험 중인 니런버그

구체적으로 보면, 연구팀은 우라실만으로 된 인공 RNA(--UU UUUU---)를 만들어 20개 시험관에 넣고, 거기에 20가지 아미노산을 각각 넣습니다. 그 결과 아미노산 페닐알라닌을 넣은 곳에서만 단백질이 만들어집니다. UUU가 페닐알라닌을 만드는 코돈, 즉 유전암호였던 것입니다! 이렇게 첫 번째 유전암호가 풀립니다.

연구팀은 그 후에도 같은 방법으로 AAA는 아미노산 리신, CCC는 프롤린에 해당하는 암호임을 밝혔습니다.

유전암호는 어떻게 다 풀렸을까

페닐알라닌, 리신, 프롤린 이외 나머지 17가지 아미노산의 유전암호를 마저 해독한 사람은 인도 출신의 미국 생화학자 하르 코라나Har Khorana 입니다. 그는 두 개의 뉴클레오타이드를 쭉 연결해 연구를 진행했죠. 먼저 U와 G를 연결한 UGUGUGUGUGUGUGUG를 이용했습니다. 이 서열에서 나올 수 있는 코돈은 UGU와 GUG이고, 이들은 각각 시스테인, 발린을 나타내는 암호임을 밝혀냈어요. 그의 노력으로 1966년 마침내 아미노산 20개에 대한 모든 암호가 풀립니다.

다음의 코돈 표를 보면 하나의 아미노산을 결정하는 코돈이 2개 이상인 경우가 있어요. 류신은 CU로 시작하는 4개의 코돈으로, 프롤린은 CC로 시작하는 4개의 코돈으로 결정된다는 것을 알 수 있습니다. 염기 세 개의 조합으로 만들어질 수 있는 코돈의 수는 64개

두 번째 염기

	U		C		A		G		
U	UUU UUC	페닐알라닌	UCU UCC	세린	UAU UAC	티로신	UGU UGC	시스테인	**U** **C**
	UUA UUG	류신	UCA UCG		UAA UAG	종결 코돈 종결 코돈	UGA UGG	종결 코돈 트립토판	**A** **G**
C	CUU CUC CUA CUG	류신	CCU CCC CCA CCG	프롤린	CAU CAC	히스티딘	CGU CGC	아르기닌	**U** **C**
					CAA CAG	글루타민	CGA CGG		**A** **G**
A	AUU AUC AUA	아이소류신	ACU ACC ACA	트레오닌	AAU AAC	아스파라긴	AGU AGC	세린	**U** **C**
	AUG	메티오닌 (개시 코돈)	ACG		AAA AAG	라이신	AGA AGG	아르기닌	**A** **G**
G	GUU GUC GUA GUG	발린	GCU GCC GCA GCG	알라닌	GAU GAC	아스 파르트산	GGU GGC	글라이신	**U** **C**
					GAA GAG	글루탐산	GGA GGG		**A** **G**

첫 번째 염기 (left) / 세 번째 염기 (right)

코돈 표. 64개의 코돈과 그 코돈들이 만들어 내는 아미노산

와, 점점 더 복잡해지는데?!
이래서 내가 복잡한 성격인가?
여하튼, 이 표에서 개시 코돈과 종결 코돈이 뭔가 싶지?
개시 코돈은 단백질을 만들 때 가장 먼저 쓰이는 코돈이고,
종결 코돈은 말 그대로 단백질 합성 종료를 알리는 코돈이야.
뭐야, 더 모르겠다고?

로 아미노산의 수 20개보다 많으니, 하나의 아미노산에 복수의 코돈이 있게 된 것이죠.

코돈 AUG는 메티오닌을 암호화하며 단백질 합성을 시작하는 개시 코돈start codon입니다. 64개의 코돈 중 3개는 종결 코돈stop codon(UAA, UAG, UGA 3가지입니다)으로 아미노산을 결정하지 않아요. 즉 아미노산을 만들지 않는다는 말이지요. 그래서 아미노산을 결정하는 코돈의 총수는 61개입니다.

아미노산은 누가 어떻게 가지고 올까

단백질은 아미노산이 모여서 만들어집니다. 이제 우리는 단백질을 구성하는 아미노산의 종류와 순서가 RNA상의 염기 조합(코돈)에 의해 결정된다는 사실을 알게 되었어요. 그러면 RNA상의 코돈에 딱 맞는 아미노산은 누가 어떻게 가지고 올까요?

크릭은 이에 관해서도 멋지게 추론합니다. RNA와 아미노산을 연결하는 역할을 하는 분자가 있다는 것이죠. 그 분자가 바로 운반 RNAtRNA입니다. tRNA는 아미노산을 운반하는 특정한 형태의 핵산입니다. 특정 아미노산을 달고 있는 tRNA가 세포질에 떠다니고 있다가 리보솜의 맞는 코돈 자리로 아미노산을 운반해 줍니다. tRNA는 미국의 생화학자 로버트 홀리Robert Holley가 발견합니다. 이 공로를 인정받아 노벨상을 받습니다.

tRNA는 코돈과 아미노산을 연결하는 역할을 합니다. 핵산의 언

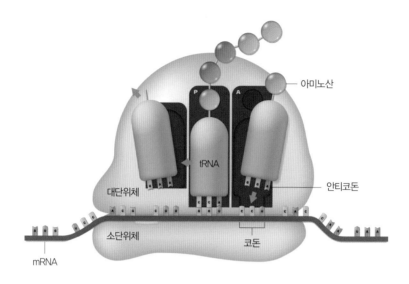

리보솜 구조. mRNA상의 세 염기가 코돈이고, 코돈에 상보적인 tRNA상의 세 염기를 안티
코돈이라고 한다. 코돈과 안티코돈 간의 결합도 수소 결합이다. 안티코돈마다 달고 오는
아미노산이 다르다.

어를 단백질의 언어로 바꿔 주는 것이죠. 홀리는 mRNA의 특정 코
돈에 해당하는 아미노산을 운반하는 tRNA를 어떻게 확인했을까요?

다음 그림처럼 GUU로만 이루어진 인공 mRNA를 이용하면, GUU
에 상보적인 tRNA가 특정 아미노산을 달고 리보솜 안에서 결합합니
다. 이렇게 덩치가 커진 mRNA-tRNA+아미노산-리보솜 복합체는
니트로셀룰로오스 필터에 남고, 다른 tRNA는 통과하게 되겠지요.
필터에 남은 tRNA는 아미노산 발린을 달고 있었어요. 코돈 GUU
와 발린을 연결하는 tRNA를 확인한 것입니다(230쪽 코돈 표 참고).

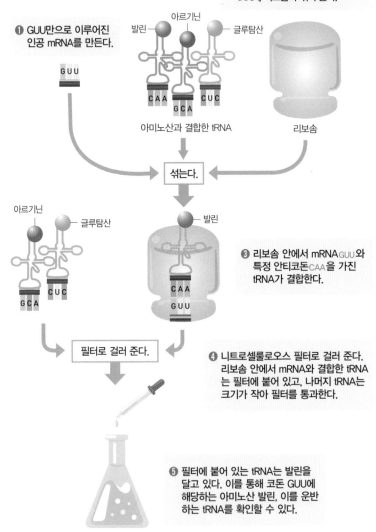

❷ 인공 mRNA를 아미노산이 연결된 tRNA, 리보솜과 섞어 준다.

❶ GUU만으로 이루어진 인공 mRNA를 만든다.

발린 아르기닌 글루탐산

GUU

CAA GCA CUC

아미노산과 결합한 tRNA   리보솜

섞는다.

아르기닌 글루탐산

GCA CUC

발린

CAA
GUU

❸ 리보솜 안에서 mRNAGUU와 특정 안티코돈CAA을 가진 tRNA가 결합한다.

필터로 걸러 준다.

❹ 니트로셀룰로오스 필터로 걸러 준다. 리보솜 안에서 mRNA와 결합한 tRNA는 필터에 붙어 있고, 나머지 tRNA는 크기가 작아 필터를 통과한다.

❺ 필터에 붙어 있는 tRNA는 발린을 달고 있다. 이를 통해 코돈 GUU에 해당하는 아미노산 발린, 이를 운반하는 tRNA를 확인할 수 있다.

tRNA의 역할을 규명한 홀리의 실험 과정

리보솜은 mRNA의 코돈과 tRNA의 안티코돈 사이의 상보적인 결합, 아미노산과 아미노산이 결합을 할 수 있도록 공간을 제공해 줍니다. 안티코돈은 mRNA상의 코돈에 상보적인 tRNA상의 세 염기를 말합니다. 코돈과 안티코돈 간의 결합도 수소 결합입니다. 안티코돈에 따라 부착되는 아미노산이 달라지고요. 이런 이유로 리보솜을 '단백질 합성 공장'이라고 합니다.

다시 정리하면, 단백질 합성에 관여하는 RNA에는 mRNA, rRNA, tRNA 세 가지 종류가 있어요. mRNA는 단백질 합성에 필요한 정보messenger를 가지고 있고, rRNA는 단백질 합성 장소인 리보솜ribosome을 구성하며, tRNA는 아미노산 운반transfer에 관여합니다. 이처럼 mRNA, rRNA, tRNA, 이 세 RNA는 단백질 합성에 꼭 필요한 것입니다.

리보솜만 파고든 아다 요나스

오랜 시간 리보솜의 구조와 기능에 대해 연구한 학자가 있습니다. 바로 이스라엘의 결정학*자인 아다 요나스Ada Yonath입니다. 요나스는 2009년에 여성으로는 네 번째로 노벨화학상을 받았는데요, 1970년대부터 30년 넘게 '리보솜'이라는 한 우물만 팠습니다.

리보솜 구조를 알아내려면 먼저 리보솜을 세포에서 깨끗이 분리한 뒤 결정으로 만들고 이 결정에 X선을 쪼여야 합니다. 그래야 구조를 알 수 있겠지요. 리보솜 결정을 만드는 게 가장 어려운 과정인데, 초창기에 만든 결정은 매우 불안정해 몇 분만 지나면 녹아 버렸다고 해요. 수많은 시행착오 끝에 요나스는 리보솜 온도를 영하 185도로 낮춰 안정적인 결정을 만들었고, 이 기술 덕분에 리보솜의 3차원 구조를 밝혀낼 수 있었습니다.

또한, 요나스는 항생제가 세균의 리보솜이 작용하지 못하게 억제하는 원리도 밝힙니다. 항생제가 세균의 리보솜에 작용해 단백질 합성 과정을 방해하면 세균을 없앨 수 있겠죠. 이 연구 결과는, 요즘

연구 중인 요나스

근심거리인 슈퍼박테리아 문제를 해결하는 의약을 개발하는 연구에 많은 도움을 주고 있어요.

결정학 Crystallography

결정의 내부 구조를 관찰하는 학문인데, 대부분 고체가 결정이다. 보통 고체에 X선을 쪼여 알아낸다. 유네스코는 2014년을 '결정학의 해'로 선포했는데, 결정학이 인간 삶에 큰 영향을 미치고 있어서다. 대표적으로 1953년 DNA의 구조를 밝혔다. 우리 몸을 구성하는 단백질도 결정의 일종인데 이 단백질들의 내부 구조를 알아내면 알츠하이머, 파킨슨병 등 난치병을 치료할 수 있는 의약품을 개발할 수 있어 현대에 더 주목받는 학문이다.

생명체는
모두 유전암호가
같을까

코돈 표는 모든 생물에 적용될까요? 이 의문을 풀기 위해 과학자들은 동물 세포, 식물 세포를 가지고 계속 실험을 했어요. 그리고 모두 적용된다는 사실을 알아냈습니다. 그래서 1970년대 이후에는 유전암호가 미생물뿐만 아니라 동물, 식물에 상관없이 공통으로 적용된다는 것이 상식이 되었지요. 이를테면 대장균도, 개도, 벼도, 고등어도, 소나무도, 사람도 단백질 합성 시 AUG를 개시 코돈으로 사용하고, UUU를 통해 페닐알라닌을 포함한 단백질을 합성한다는 것이지요.

모든 생명체가 하나의 코돈 표를 사용한다는 것은 아주 상징적인 사건입니다! 지구상의 생물이 한 뿌리에서 출발했다는 얘기니까요. 우리가 오래전 하나의 조상에서 갈라져 나와 진화하고 다양해졌다고 입증해 주는 것이니까요.

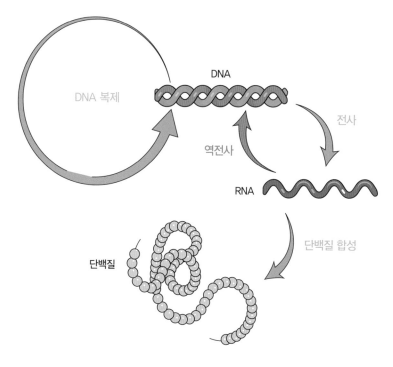

DNA

DNA 복제

전사

역전사

RNA

단백질 합성

단백질

중심원리와 역전사

　그런데 예외가 있었습니다. 1979년에 인간의 미토콘드리아에서 만들어지는 단백질의 아미노산 서열을 분석한 결과, 개시 코돈 등 일부 아미노산의 코돈이 코돈 표와 달랐습니다. 효모 등 일부 생물에서도 코돈 표와 어긋나는 부분이 발견되었고요.

　유전 정보를 전달하는 방향에도 예외가 발견되었습니다. 과학자들은 유전 정보가 DNA에서 RNA로, RNA에서 단백질 순서로 한 방향으로만 전해진다고 믿고 있었어요. 그런데 1970년 미국의 바이

역전사 효소를 발견한 테민

러스 학자 하워드 테민Howard Temin이 유전 정보가 반대로 전달될 수도 있다고 발표한 것입니다. RNA 바이러스를 이용해서 RNA에서 DNA가 합성된다는 사실을 확인한 것이지요. 중심원리*를 지지하는 과학자들은 테민의 실험 과정에 문제가 있는 것이 아닐까 하고 의심합니다. 하지만 테민의 대학 후배이자 병리학자인 데이비드 볼티모어David Baltimore가 RNA 바이러스에서 추출한 효소를 이용해서 바이러스의 RNA에서 DNA를 합성하는 데 성공함으로써 테민의 주장이 사실임을 입증합니다. 이 효소의 이름이 '역전사 효소'입니다.

🔎 중심원리

1958년 크릭이 처음 제안한 개념이다. 생물이 가지는 유전 정보가 생체 물질인 단백질을 어떻게 만드는지 그 과정을 설명한 가설이다. DNA의 유전 정보는 RNA를 거쳐 단백질로 전달되며, 그 반대 방향으로는 전달되지 않는다는 것이 핵심이다. 물론 예외도 있지만, 여전히 DNA→RNA→단백질, 이 순서는 정보 전달의 보편적인 방향이다. 중심원리에서 '중심'은 생명체를 존재하게 하는 핵심을 말한다. 그 핵심에는 생명 현상을 유지시키는 단백질이 있고, 그 단백질의 정보는 DNA에 있다. 중심원리는 DNA에서 단백질이 만들어지는 과정을 밝힌 것이다.

RNA를 유전물질로 가지고 있는 코로나바이러스가 숙주에서 증식할 때나, PCR을 이용해 진단할 때 역전사 효소가 이용되지요. 지구에 출현한 최초의 자기복제자를 RNA로 설명하는 가설에서도 DNA를 가진 생명이 출현하게 된 근거로 이 역전사 효소를 제시합니다.

인간의
유전자지도는
어떻게
밝혀졌을까

　　DNA가 유전 현상을 설명하는 열쇠라는 사실
이 밝혀지면서 후속 연구가 활발히 진행되었습니다. DNA의 구조,
복제 과정, DNA의 유전 정보가 RNA를 거쳐 단백질로 되는 비밀이
속속 풀렸습니다. 유전암호가 밝혀지면서 염기 서열을 알면 단백질
을 구성하는 아미노산의 종류를 알 수 있게 되었지요.

　20세기 후반에 과학자들은 초파리의 유전자지도처럼 인간 염색체
의 유전자지도를 작성할 꿈을 품습니다. 유전자지도는 염색체의 어
떤 위치에 어떤 유전자가 들어 있고, 그 유전자의 염기가 어떤 순서
로 배열돼 있는지를 밝힌 것입니다. 인간의 유전자지도 그리는 작업
을 '인간 게놈 프로젝트human genome project, HGP'라고 합니다.

생물이 가진 모든 유전 정보, 게놈

게놈Genome이라는 용어를 처음 만든 사람은 독일의 식물학자 한스 빙클러Hans Winkler예요. 1920년에 유전자Gene와 염색체Chromosome를 합쳐 만들었지요. 우리말로는 '유전체'라고 합니다. 게놈은 생물이 가진 모든 유전 정보를 말합니다. 예를 들어 어떤 질병의 원인이 한 효소의 문제인 것으로 밝혀졌다고 생각해 봅시다. 그럼, 과학자들은 먼저 효소를 결정하는 유전자의 위치와 염기 서열을 분석할 것입니다. 그다음 건강한 사람과 환자의 것을 비교해 어느 곳이 다른지 찾아내겠지요. 그런 후 문제가 되는 유전자 부위를 제거하거나 정상 유전자로 대체하려 할 것입니다. 그것이 병을 치료하는 방법이니까요.

앞에서 말했듯이, 유전자와 효소의 관계를 최초로 추론한 사람은 의사 개롯입니다. 개롯이 그렇게 추론하게 한 알캅톤뇨증 관련 유전자는 3번 염색체에 존재한다는 것이 1995년에 밝혀졌어요. 환자는 그 유전자의 690번째 혹은 901번째의 염기 서열이 건강한 사람과 달랐습니다.

앞에서 인간의 세포 하나에는 23쌍의 염색체가 들어 있다고 했습니다. 이 염색체들에 어떤 유전자들이 들어 있는지 다 밝혀낸 건 아니에요. 이 비밀을 풀기 위해 1996년 18개국의 연구진과 민간 기업

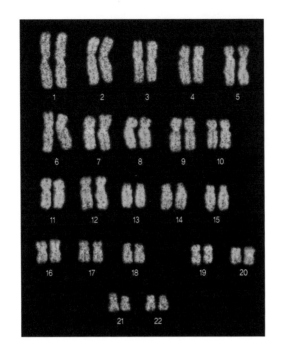

인 셀레라 지노믹스Celera Genomics가 '인간 게놈 프로젝트'를 시작합

니다. 연구팀 즉 HGP는 1999년 22번 염색체의 염기 서열 발표를 시

작으로, 2000년에는 21번 염색체의 염기 서열을 발표합니다. 21번

염색체는 다운증후군, 알츠하이머, 백혈병·당뇨병 등과 관련된 유전

자를 포함하고 있어서 특히 주목을 받았지요.

그런데 왜 21, 22번 염색체를 먼저 연구했을까요? 크기가 작아서

입니다.

1번, 2번 염색체처럼 큰 염색체는 전체 30억 개 염기쌍의 8퍼센트

에 해당하는 약 2억 5천만 개의 염기쌍을 각각 가지고 있어요. 반면

가장 작은 21번, 22번 염색체는 전체의 1.5퍼센트에 해당하는 5천만 개 정도의 염기쌍을 가지고 있지요. 염기쌍이 적다는 건 유전자 수가 적다는 것이고 결정하는 형질도 적다는 의미입니다. 그래서 1번이나 2번 염색체에 이상이 생기면 태아 상태에서 유산이 되고, 21번, 22번 염색체에 이상이 생기면 생존하되 다수의 유전병을 가지고 태어나는 경우가 많아요. 21번 염색체 이상으로 생기는 다운증후군이 그 예입니다.

2003년 4월, HGP는 유전자 2만여 개의 구조와 기능을 상세히 밝힌 인간 유전자지도를 발표합니다. 유전자 2만여 개는 전체 게놈의 약 2퍼센트인데, 30억 개 염기쌍 중 실제 사용하는 것은 이 정도라고 하네요. HGP는 이 발표를 끝으로 2003년에 해체합니다.

마침내 완성된 인간 유전자지도

하지만 2019년까지도 인간 게놈의 8퍼센트는 해독되지 않은 채 남겨져 있었어요. 그러다 2022년 4월, 미국·영국·독일·러시아 4개국 33개의 연구기관 과학자 114명으로 구성된 '텔로미어 투 텔로미어T2T' 컨소시엄에서 나머지 8퍼센트를 완벽히 밝혀냅니다. T2T는 마침내 완성된 인간 유전자지도를 공개하지요. 20여 년 만에 얻은 소중한 결실이 아닐 수 없습니다.

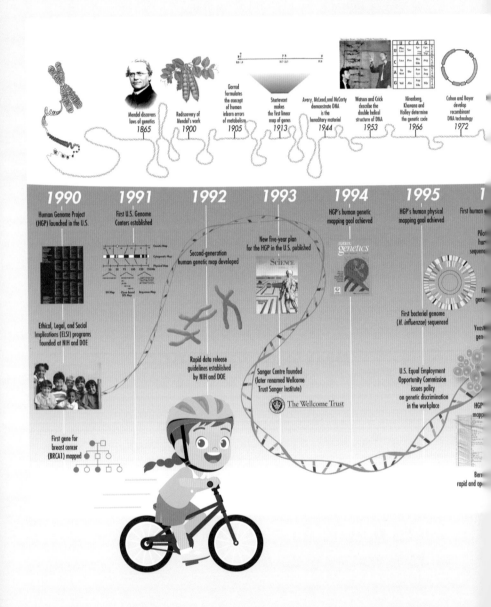

Mendel discovers laws of genetics
1865

Rediscovery of Mendel's work
1900

Garrod formulates the concept of human inborn errors of metabolism
1905

Sturtevant makes the first linear map of genes
1913

Avery, McLeod, and McCarty demonstrate DNA is the hereditary material
1944

Watson and Crick describe the double helical structure of DNA
1953

Nirenberg, Khorana and Holley determine the genetic code
1966

Cohen and Boyer develop recombinant DNA technology
1972

1990

Human Genome Project (HGP) launched in the U.S.

Ethical, Legal, and Social Implications (ELSI) programs founded at NIH and DOE

First gene for breast cancer (BRCA1) mapped

1991

First U.S. Genome Centers established

1992

Second-generation human genetic map developed

Rapid data release guidelines established by NIH and DOE

1993

New five-year plan for the HGP in the U.S. published

Sanger Centre founded (later renamed Wellcome Trust Sanger Institute)

The Wellcome Trust

1994

HGP's human genetic mapping goal achieved

First bacterial genome (H. influenzae) sequenced

U.S. Equal Employment Opportunity Commission issues policy on genetic discrimination in the workplace

1995

HGP's human physical mapping goal achieved

First human

Pilot hur sequence

Fir genic

Yeas gen

HGP mappi

Berr rapid and op

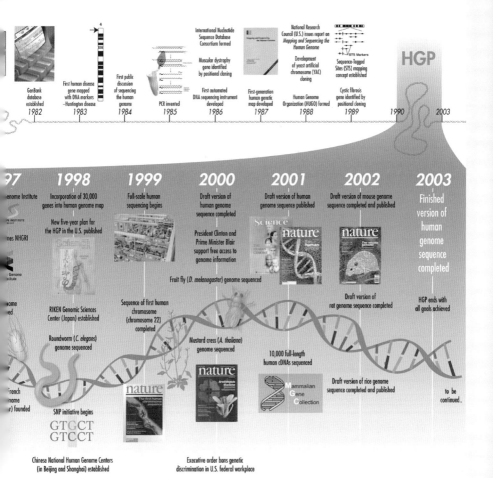

인간 게놈 프로젝트의 연구 성과

염색체	관련 질환	염색체	관련 질환	염색체	관련 질환	염색체	관련 질환
1번	전립선암, 녹내장, 인지장애증 (치매)	7번	비만	13번	유방암, 망막모세포증	19번	동맥경화증
2번	파킨슨병, 대장암	8번	조로증	14번	인지장애증	20번	면역결핍증
3번	폐암	9번	백혈병, 피부암	15번	마르판증후군	21번	근위축증, 다운증후군, 뇌전증, 인지장애증, 백혈병
4번	헌팅턴병	10번	망막위축증	16번	크론씨병	22번	백혈병
5번	탈모증, 여드름	11번	심장마비	17번	유방암	X	색맹, 근이영양증
6번	당뇨병, 뇌전증	12번	페닐케톤뇨증	18번	췌장암	Y	불임

각 염색체와 관련된 질환

게놈 프로젝트와 별개로, 국제 컨소시엄인 게놈아크GenomeArk에서 진행한 '척추동물 게놈 프로젝트Vertebrate Genome Project, VGP'에서는 2021년 5월, 척추동물 25종의 게놈 분석 결과를 발표했어요. 연구팀은 사람과 마모셋원숭이 뇌에서 뇌 발달, 뇌 질환과 관련된 2533개의 유전자가 서로 비슷하다는 사실도 알아냈습니다.

지금도 인간을 포함한 지구 생물의 게놈에 대한 연구가 진행 중입니다. 그 결과는 미국 국립보건원에서 운영하는 생물정보센터인 NCBI에 업데이트되고 있어요. 일반인도 특별한 로그인 절차 없이 볼 수 있게 정보가 공개되어 있습니다.

나와 당신은 얼마나 같고 다를까

　　　　사람의 염색체 위치는 모두 같아요. 즉, ABO 식 혈액형 유전자는 누구나 9번 염색체에, 인슐린 유전자는 11번 염색체에 들어 있는 식이지요. 또한, 내가 만드는 인슐린과 영국인이 만드는 인슐린은 같습니다. ABO식 혈액형 유전자는 9번 염색체 긴 팔에 있고, 1062개의 염기쌍으로 이루어져 있어요. ABO식 혈액형처럼 A형, B형 등으로 표현형에 차이가 나는 경우는 유전자에 들어 있는 염기 서열이 달라서라는 걸 짐작할 수 있어요.

　　이런 짐작은 1990년에 일본 생물학자 후미치로 야마모토Fumiichiro Yamamoto 등에 의해 사실로 밝혀집니다. 혈액형이 다르면 그 유전자의 염기 서열이 다른 것이지요. A형 유전자와 B형 유전자는 1062개의 염기쌍 중 7쌍이 달랐어요. O형 유전자는 A형 유전자의 엑손 6번의 261번째 염기인 '구아닌G'이 빠져 있었습니다.

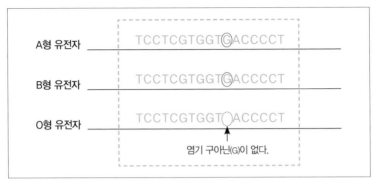

A형 유전자 _____ TCCTCGTGGTGACCCCT

B형 유전자 _____ TCCTCGTGGTGACCCCT

O형 유전자 _____ TCCTCGTGGTGACCCCT

염기 구아닌(G)이 없다.

A, B, O형 유전자 엑손 6번의 염기 서열 차이

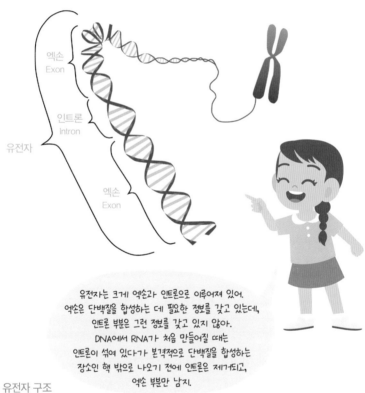

유전자

엑손
Exon

인트론
intron

엑손
Exon

유전자는 크게 엑손과 인트론으로 이루어져 있어.
엑손은 단백질을 합성하는 데 필요한 정보를 갖고 있는데,
인트론 부분은 그런 정보를 갖고 있지 않아.
DNA에서 RNA가 처음 만들어질 때는
인트론이 섞여 있다가 본격적으로 단백질을 합성하는
장소인 핵 밖으로 나오기 전에 인트론은 제거되고,
엑손 부분만 남지.

유전자 구조

염기 1개의 차이니 사소해 보이지만, 261번 염기가 빠짐으로써 그 뒤로 만들어지는 아미노산의 종류가 다 달라집니다. 염기 세 개가 하나의 코돈으로 아미노산을 결정하는데, 하나가 빠지면 세 개 묶음의 틀이 바뀌고 종결 코돈이 생길 수 있기 때문이지요. 예를 들어 CUG(류신)/ACA(트레오닌)/GAG(글루탐산)/UUU(페닐알라닌)이던 코돈이 앞에서 염기가 하나 빠짐으로써 하나씩 당겨져 C/UGA(종결 코돈)/CAG/AGU/UU가 되면 종결 코돈에 의해 아미노산 추가를 멈춥니다. 그래서 O형은 적혈구 표면에 당을 부착시키는 두 종류

와, 신기한걸.
0.1퍼센트 차이로
우리 모습이 이렇게
다양해졌단 말이지?

의 효소가 모두 만들어지지 않습니다.

사람들 간의 염기 서열 차이는 0.1퍼센트 정도라고 합니다. 모든 인간은 30억 개의 염기쌍 중 99.9퍼센트가 같고, 0.1퍼센트 정도만 다른 거지요. 이 사소해 보이는 차이 때문에 키, 피부색, 지능과 성격까지 달라진다니, 그저 신비로울 뿐입니다. 한편, 이런 사실로 미루어 볼 때 인종 차별은 생물학적으로 근거가 없는 주장이란 걸 알 수 있습니다.

친자 확인 검사는 어떻게 할까

인간 유전자지도가 완성되면서 사람들은 '나는 어떤 유전자를 가지고 있을까', '유전병에 걸리게 될까' 등에 관심을 가지게 되었어요. 미국 영화배우 안젤리나 졸리가 유전자 검사를 해서 미리 유방절제 수술을 받아 큰 화제가 되기도 했지요. 이 당시만 해도 유전자 검사 비용이 아주 비쌌는데 지금은 몇십만 원대로 많이 내려갔습니다. 여느 사람들도 유전자 검사를 받을 수 있게 되었지요.

드라마에서 자주 나오는 친자 확인 검사도 유전자 검사의 일종입니다. 그럼, 친자 확인 검사는 어떻게 하는 걸까요?

자녀는 앞에서 말했듯이 부모에게서 각각 50퍼센트의 유전자를 물려받습니다. 이 유전자들은 염색체에 들어 있고, 염색체처럼 쌍으로 존재해요. 부모와 자식 간의 이 대립유전자를 비교하는 것이 친자 확인의 원리입니다.

보통 검사 대상인 두 사람의 상염색체에 있는 15~17개의 유전자를 분석해 모두 일치하면 친자로 인정이 됩니다. 반대로 3개 이상 일

STR 유전자	대립유전자1	대립유전자2	대립유전자1	대립유전자2	STR 유전자	대립유전자1	대립유전자2	대립유전자1	대립유전자2
D8S1179	14	14	14	14	D8S1179	14	14	14	14
D21S11	31.2	32.2	32.2	31	D21S11	31.2	32.2	32.2	31
D7S820	11	13	13	8	D7S820	11	11	13	8
CSF1PO	10	12	12	12	CSF1PO	10	11	11	12
D3S1358	15	15	15	16	D3S1358	15	15	15	16
TH01	9	6	6	10	TH01	9	6	6	10
D13S317	11	11	11	9	D13S317	11	11	10	9
D16S539	11	12	12	11	D16S539	11	12	12	11
D2S1338	26	24	24	19	D2S1338	26	27	24	19
D19S433	14.2	14	14	13	D19S433	14.2	14	14	13
vWA	19	14	14	18	vWA	19	14	14	18
TPOX	8	8	8	8	TPOX	8	8	8	8
D18S51	12	17	17	15	D18S51	12	17	17	15
D5S818	10	11	11	14	D5S818	10	11	7	14
FGA	24	22	22	23	FGA	24	25	22	23

친자 확인 검사의 예. 왼쪽은 대립유전자 15개가 일치하니 친자다. 오른쪽은 15개 중 4곳이 일치하지 않으니 친자가 아니다.

(출처: DNA정보센터 dnacenter.co.kr)

치하지 않으면 친자 관계가 아닌데요, 기술이 발달하면서 검사가 잘못될 확률은 거의 제로에 가깝다고 하네요. 분석 대상 유전자는 보통 미국의 CODIS Combined DNA Index System, 통합 DNA 데이터베이스에서 지정한 13개의 유전자를 포함합니다.

1~2개 일치하지 않는 경우는 추가 검사가 필요해요. 부자인 경우는 Y염색체로, 부녀인 경우는 X염색체로 검사를 하고, 모자 혹은 모녀의 경우는 미토콘드리아 DNA로 합니다.

유전자 검사를 받으려면 샘플이 필요합니다. 드라마에서는 주로 머리카락(모근이 있어야 합니다. 그래야 세포가 있고, 핵 속의 DNA를 얻을 수 있습니다)이나 칫솔(칫솔모에 남아 있는 구강상피세포)을 이용하는데요, 혈액, 면봉으로 채취한 입속의 세포, 담배꽁초에 묻은 침 등도 이용할 수 있습니다.

검사 비용은 2000년대 중반까지만 해도 80~100만 원에 달했는데, 현재는 10만 원대예요. 검사 비용이 낮아진 이유는 2015년 초에 친자 확인 등에 사용되는 DNA 시약을 국내에서 개발했기 때문이지요. 미국이나 영국에서는 대형마트에서 저렴한 가격으로 친자 확인 키트를 구입할 수 있어요. 온라인으로 검사를 의뢰한 후 우편으로 검사한 키트를 보내면 된다고 하네요.

돌리는 어떻게
복제되었을까

21세기는 생명공학의 시대, 유전자 변형의 시대라고 합니다. 이제는 진단을 넘어 유전자의 일부 혹은 전부를 바꾸어 원하는 형질의 생물을 만들어 내거나 유전자를 변형해 질병을 치료할 수도 있습니다.

복제 양 돌리

이런 시대를 열어젖힌 대표적인 것이 생물 복제인데요, 세계 최초의 복제 동물이 양 돌리입니다. 돌리는 1996년 영국 로슬린연구소에서 탄생시켰지요. 연구팀은 핵을 제거한 난자에 원하는 핵을 이식하고 전기충격을 가하며 세포분열을 유도했습니다. 핵에 DNA가 들어

세계 최초의
복제 동물 돌리

있으니 핵을 바꾸면 그 생물의 유전 정보가 통째로 바뀌니까요. 200
번이 넘는 시도 끝에 대리모 자궁에 수정란을 이식하는 데 성공해
돌리가 태어난 것이지요.

돌리를 만드는 과정에는 양 세 마리가 필요했습니다. 난자를 제
공하는 양, 핵을 제공하는 양, 자궁을 제공하는 양입니다. 돌리는 이
세 양 중 누구의 생김새를 닮았을까요? 핵을 제공한 양을 닮았습니
다. 핵 안에 유전 정보 즉, DNA가 들어 있기 때문이죠. 그러므로 털
이 매끈하고 풍성한 양을 원한다면 그런 양의 체세포 핵을, 고기 품
질이 좋은 양을 원한다면 그런 양의 핵을 이용합니다.

그런데 돌리는 핵을 제공한 양과 완전히 똑같을까요? 다른 것의
영향은 안 받을까요? 핵을 이식받은 난자의 세포질에 남아 있는 단

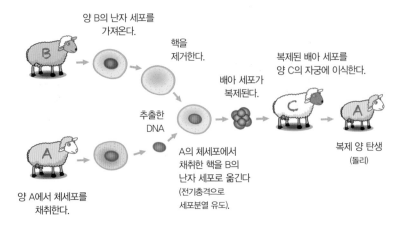

양 B의 난자 세포를
가져온다.

핵을
제거한다.

복제된 배아 세포를
양 C의 자궁에 이식한다.

배아 세포가
복제된다.

추출한
DNA

A의 체세포에서
채취한 핵을 B의
난자 세포로 옮긴다
(전기충격으로
세포분열 유도).

복제 양 탄생
(돌리)

양 A에서 체세포를
채취한다.

돌리가 만들어진 과정

백질이나 미토콘드리아의 유전자가 영향을 줄 수 있고, 또 대리모 자궁의 환경도 영향을 미칠 수 있을 것입니다. 하지만 그 영향은 유전물질에 비하면 아주 적지요.

돌리에 이어 1998년 일본에서는 복제 소를 탄생시켰고, 2000년 영국에서는 복제 돼지도 만들었습니다. 지금까지 생쥐, 고양이, 토끼, 원숭이 등 20종이 넘는 복제 동물이 만들어졌습니다. 2018년 중국 과학원에서는 원숭이 두 마리를 복제했다고 발표했고요.

돌리를 복제한 방법을 이용해 멸종위기에 처한 동물의 개체수를 늘리려는 시도도 이루어지고 있습니다. 미국 연구소들은 2020년부터 검은발족제비와 프르제발스키말 복제에 성공했고 현재는 매머드, 대왕판다, 북부흰코뿔소 등을 복제하기 위해 노력하고 있다고 합니다.

텔로미어에
왜 주목할까

여러 동물을 복제했는데, 대부분은 건강이 좋지 못하거나 노화가 빨리 진행돼 오래 살지 못했습니다. 그 이유가 뭘까요? 과학자들은 그 이유 중 하나로 '텔로미어Telomere'를 지목합니다. 텔로미어는 그리스어로 '끝부분'을 뜻합니다. 이 부위는 단백질을 암호화하지 않는 염기 서열로, 인간의 경우 'TTAGGG'가 1천 번 넘게 반복되어 있습니다. 유전 정보로 쓰이지 않는 이 염기 서열이 왜 염색체 말단에 존재하는 것일까요?

2009년 노벨생리의학상을 받은 미국의 엘리자베스 블랙번Elizabeth Blackburn, 잭 쇼스택Jack Szostak, 캐럴 그라이더Carol Greider 교수는 DNA 끝부분에 특정 염기 서열이 반복되어 있음을 발견합니다. 이곳이 텔로미어인데, 사람의 체세포에 있는 텔로미어는 보통 5천~1만 개의 염기쌍으로 되어 있고, 세포분열을 할 때마다 50~200개 염

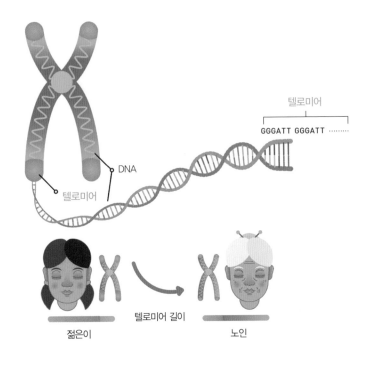

텔로미어

GGGATT GGGATT ········

DNA

텔로미어

텔로미어 길이

젊은이   노인

생체시계로 주목받는 텔로미어

기쌍만큼 짧아집니다. DNA 복제 과정에서 텔로미어 부분은 복제가 되지 않습니다. 그럼 텔로미어는 왜 있는 것일까요? 주요 유전자를 보호하는 역할을 하는 것입니다. 그러므로 텔로미어의 길이가 일정 수준 이하로 떨어지면, 세포의 유전 정보를 보호하기 위해 세포분열을 멈추게 됩니다.

텔로미어의 길이는 세포가 얼마나 분열했는지, 세포 수명은 어떤 지를 나타내 줍니다. 그래서 '생체시계'로도 알려져 있습니다. 블랙

번 교수는 자신의 책 《텔로미어 효과》에서 텔로미어가 줄어드는 속도가 노화 속도인 건 분명하지만, 텔로미어가 짧아지는 속도를 늦출 수는 있다고 강조합니다. 스트레스에 긍정적으로 대처하고, 심혈관 운동이나 명상을 하고, 타인들과 우호적인 관계를 맺으며 지내면 텔로미어 길이를 잘 관리할 수 있다고 제안합니다.

양날의 검

텔로미어가 길수록 세포가 오래 산다면, 텔로미어가 길수록 더 좋은 것일까요?

일단, 텔로미어가 길다는 것은 세포분열을 많이 할 수 있다는 의미입니다. 그것은 한편으로는 세포분열 과정에서 돌연변이가 생길 확률이 높아지고, 이 중 암세포가 생길 확률도 높아진다는 의미입니다. 실제로 암세포의 90퍼센트에서 텔로머레이스telomerase라는 효소가 활성화되어 있었어요. 텔로머레이스는 텔로미어에 DNA(반복 서열)를 계속 추가해 주는 효소로, 텔로미어의 길이를 유지해 줍니다. 보통 이 효소는 세포분열이 왕성한 생식세포나 줄기세포에서 활발히 활동하는데, 암세포에서도 활발히 활동했던 것이지요. 그 결과 암세포가 무한정 세포분열을 하게 되는 것입니다.

과학자들은 텔로미어 길이를 인위적으로 조절하는 방법을 찾아내면 수명 연장이나 암 예방이 가능하리라 기대하고 있습니다. 텔로미어 길이를 유지하면, 늙음을 늦추는 장점이 있는 반면, 암 발병률을 높이는 단점도 있습니다. 양날의 검인 셈이죠. 과학자들은 이 점에 주의하면서 연구를 계속하고 있습니다.

유전자의 미세한 세계까지 알게 됐으니, 유전자 편집도 상상 못할 일은 아니겠지요. 안 좋은 부위를 제거하고 좋은 걸 끼워 넣을 수 있다면 병도 고칠 수 있고 더 건강하게 살 수 있으니까요. 이런 생각은 곧 현실이 됩니다. 유전자를 편집할 수 있는 기술인 '유전자가위Genetic Scissors'가 발견된 것입니다. 발견 과정을 먼저 살펴본 후 유전자가위가 구체적으로 어떤 원리로 작동하는지 알아보겠습니다.

유전자가위의 발견

1960년대 초 스위스의 미생물학자 베르너 아르버Werner Arber는 대

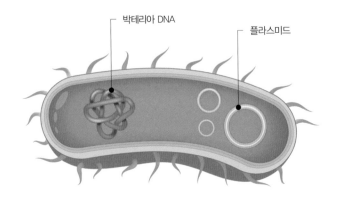

플라스미드는 세균의 DNA와 별도로 존재하면서 스스로 복제하는 작은 크기의 원형 DNA이다.

장균에서 '제한 효소'를 처음 발견합니다. 그 대장균은 자신의 몸에 들어온 박테리오파지 DNA를 제거할 수 있었습니다. 제한 효소는 이처럼 외부 DNA(주로 바이러스)가 침입하면 세균이 자신을 보호하기 위해 침입자의 DNA를 절단하여 기능을 못하게 하는 일종의 방어 효소예요. 약 3천 종의 제한 효소가 발견되었고 대부분은 세균에서 유래했습니다(고세균, 진핵생물, 바이러스에서도 드물게 발견됩니다). 1970년대에 미국 미생물학자 해밀턴 스미스Hamilton Smith와 다니엘 네이선스Daniel Nathans도 이 제한 효소가 DNA의 특정 염기 서열을 인식해 절단한다는 사실을 밝혀내지요.

두 사람은 제한 효소를 이용해서 원하는 유전자를 잘라 내 플라스미드plasmid에 끼워 넣는 방식으로 유전자를 재조합합니다. 이렇게 재조합된 플라스미드를 세균에 넣어 주면 세균이 번식하면서 원하는 단백질을 대량으로 얻을 수 있겠죠.

이런 방식으로 세균의 제한 효소를 이용해서 원하는 단백질을 대량 생산할 수 있었습니다. 처음 생산한 것은 인슐린입니다. 1973년 미국의 과학자인 스탠리 코헨Stanley Cohen과 허버트 보이어Herbert Boyer가 해냅니다. 이들은 인슐린 유전자를 제한 효소로 잘라 내 운반체인 플라스미드에 끼워 대장균에 넣은 다음, 그 대장균을 대량으로 번식시켰습니다. 그 대장균에서 만들어진 인슐린을 정제해 당뇨병 치료에 이용했지요.

유전자 편집 시대

세균에서 발견되는 제한 효소는 그대로 쓴다고 해서 '천연 유전자가위'라고 합니다. 이 제한 효소는 DNA 가닥에서 6~8개의 염기 서열밖에 인식하지 못하는 한계가 있어요. 인식 부위의 염기 서열이 적다는 건 꼭 잘라야 하는 부위 외에 엉뚱한 부위가 잘릴 수 있다는 의미입니다. 그래서 인간이 개입해 제한 효소의 성능을 높인 것이 인공 유전자가위입니다. 인공 유전자가위는 자르는 효소의 종류에 따라 세대를 나눕니다. 1세대는 징크 펑거Zinc Finger, 2세대는 탈렌TALEN, Transcription Activator-like Effector Nuclease, 3세대는 크리스퍼-카스나인CRISPR, Clustered Regularly Interspaced Short Palindromic Repeats-Cas 9, 보통 크리스퍼라고 부릅니다으로 구분하는데요, 모두 절단 효소 이름입니다.

이 중 징크 핑거는 아프리카발톱개구리의 DNA에서 유래했고, 인식하는 염기는 10개 내외로 여전히 적습니다. 2세대 탈렌은 식물 병원균에서 유래했으며, 약 15개의 염기 서열을 인식할 수 있어요. 이 두 유전자가위는 에이즈, 혈우병, 알츠하이머, 고지혈증 등의 유전병 치료에 이용되고 있습니다. 하지만 만들기 어렵고 그 비용도 많이 드는 데다 정확하게 만들어지는 확률도 낮은 단점이 있습니다. 이러한 결점을 보완한 3세대 유전자가위가 요즘 자주 듣는 크리스퍼입니다. 크리스퍼가 본격적으로 활용된 건 2012년 무렵이지만 발견은 훨씬 이전에 이루어졌어요.

1987년에 일본 연구진이 대장균을 연구하다가 제한 효소와 기능이 비슷한 것을 발견합니다. 2007년에는 네덜란드 야쿠르트 회사 과학자들도 비슷한 걸 발견하지요. 야쿠르트를 만들려면 유산균이 꼭 필요하죠. 유산균을 잘 살려야 합니다. 연구자들은 많은 유산균이 바이러스에 몰살되었는데, 꿋꿋하게 살아 있는 유산균을 발견합니다. 그 유산균은 스스로 어떤 작용을 일으켜서 바이러스의 유전자를 없앤다는 사실도 알게 되지요. 네덜란드 과학자들은 이런 세균에서 어떤 작용이 반복해서 일어난다는 것을 확인하고 이를 '크리스퍼CRISPR'라고 처음 명명합니다. 크리스퍼는 '반복되는 짧은 염기 서열'이라는 의미를 포함합니다. 유전자를 자른다는 의미로 '가위'란 표현을 쓴 것이지, 유전자가위는 '유 전자 편집 기술'을 말합니다. 유전 자가위는 원래부터 세균이 가지고 있었던 것을 인간이 발견하고 활 용한 것이라 할 수 있지요.

2020년 프랑스 태생으로 독일 막스 플랑크연구소 교수인 에마뉘엘 샤르 팡티에Emmanuelle Charpentier와 미국 UC버클리 교수인 제니퍼 다우드 나Jennifer Doudna가 노벨화학상을 받습니다. 유전자를 편집할 때 꼭 필요한 것이 효소인데, 두 사람은 절단 효소 '카스나인Cas9'을 발견한 공로 를 인정받아 상을 받았습니다. 카스

카스나인을 발견한 에마뉘엘 샤르 팡티에(위), 제니퍼 다우드나

나인의 카스는 '크리스퍼와 함께 작용한다Cas, CRISPR associated'는 의 미입니다. 즉 크리스퍼가 유전자 편집을 해야 할 곳을 인식하면, 그 곳을 카스나인이 잘라 내는 것입니다.

크리스퍼-카스나인 덕분에 이제 동물, 식물, 미생물의 DNA를 정 교하게 바꿀 수 있는 시대가 열렸습니다. 이전보다 간단하고, 빠르 고, 정확하게 유전자를 편집할 수 있게 되었습니다. 노벨위원회는 선 정 이유를 다음과 같이 밝혔습니다.

유전자가위 기술은 생명과학에 혁명적인 영향을 미쳤고, 새로운 암 치료제 개발에 기여하고 있으며, 유전질환 치료의 꿈을 현실화할 수 있다.

유전자가위는 어떻게 작동할까

이번엔 유전자가위가 어떻게 작동하는지 알아볼게요. 유전자를 중간에서 절단하면 그 유전자가 기능을 못하게 되겠죠. 그 유전자가 만들어 내는 효소를 비롯한 단백질 합성에 문제가 생길 테니까요. 그 유전자가 암을 비롯한 질병과 관련이 있다면, 유전자가위가 획기적인 치료법이 될 수 있을 것입니다.

크리스퍼-카스나인으로 유전자를 편집하려면 두 가지가 필요합니다. 크리스퍼에 의해 만들어져 자를 부위를 인식하는 '가이드 RNAgRNA'와 DNA를 절단하는 효소 '카스나인'입니다. 편집 과정은 오른쪽 그림을 보면 자세히 알 수 있습니다.

어디까지 편집할까

현재 유전자가위는 농축산업계와 의료계에 큰 영향을 미치고 있어요. 영국의 연구팀에서는 유전자가위로 비타민 D가 함유된 토마

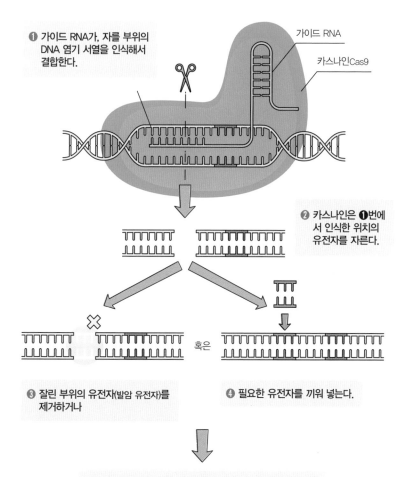

① 가이드 RNA가, 자를 부위의 DNA 염기 서열을 인식해서 결합한다.

가이드 RNA

카스나인Cas9

② 카스나인은 ①번에서 인식한 위치의 유전자를 자른다.

③ 잘린 부위의 유전자(발암 유전자)를 제거하거나

혹은

④ 필요한 유전자를 끼워 넣는다.

⑤ 유전자가 정상 기능(필요한 단백질 생성 등)을 하도록 한다.

크리스퍼-카스나인 작동 원리

유전자 편집은 우리에게 어떤 세상을 열어 줄까.
이 기술이 인간만을 위해 쓰여선 안 된다는 점은 분명하다.
김물길, 〈Green hug〉, 2023

토나, 물과 비료를 덜 사용하는 농작물 품종을 개발했습니다. 의료계에서는 낫모양 적혈구 빈혈증이나 혈우병 같은 유전병 치료에 이 기술을 이용하고 있어요.

한편, 윤리적인 문제도 대두되고 있습니다. 2018년 중국 연구팀이 유전자가위로 출생 전 배아의 유전자를 편집해서 에이즈를 일으키는 인간면역결핍바이러스HIV에 저항력을 가진 쌍둥이들이 태어나도록 해 논란을 불러일으켰습니다. 과학자들은 "결국 유전자가위로 키를 크게 하거나 지능을 높이도록 배아의 유전자를 교정하는 것이 허용될 수 있는지 전 세계가 고민해야 할 것"이라고 우려를 표했어요. 또한, 인간에게는 이로운 품종 개량이 생태계에 어떤 영향을 주게 될지도 잘 살펴야 할 것입니다.

생명공학이 아무리 발달해도 호모 사피엔스가 '생명의 나무'의 한 가지를 차지할 뿐이라는 사실에는 변함이 없어요. 우리가 가진 달란트를 지구 생명체와 환경을 유지하는 데 쓰기를 멘델, 다윈 등 인류 발전에 공헌한 호모 사피엔스들은 간절히 바라지 않을까요.

꼬리에 꼬리를 무는 호모 사피엔스

초판 1쇄 발행 2023년 9월 15일
초판 2쇄 발행 2024년 8월 9일

지은이 | 정주혜
펴낸곳 | (주)태학사
등록 | 제406-2020-000008호
주소 | 경기도 파주시 광인사길 217
전화 | 031-955-7580
전송 | 031-955-0910
전자우편 | thspub@daum.net
홈페이지 | www.thaehaksa.com

편집 | 조윤형 여미숙 김태훈
마케팅 | 김일신
경영지원 | 김영지

ⓒ 정주혜, 2023. Printed in Korea.

값 16,800원
ISBN 979-11-6810-204-0 43470

"주니어태학"은 (주)태학사의 청소년 전문 브랜드입니다.

책임편집 여미숙
디자인 이유나